"集成电路设计与集成系统"丛书

集成电路技术基础

张颖 曹海燕 宋文斌 冀然 编著

Fundamentals of
Integrated Circuit Technology

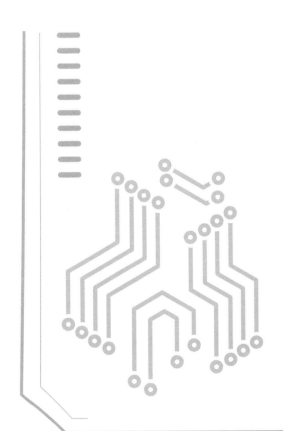

化学工业出版社

·北京·

内容简介

本书讲解了集成电路的基础理论，阐述了集成电路设计、制备工艺、封装以及测试方法，介绍了新型材料、新型工艺、新型封装等先进知识。

主要内容包括：集成电路技术基础、半导体物理、半导体器件、集成电路制造工艺技术、集成电路设计、集成电路封测技术、半导体技术发展。

本书注重可读性和易学性，借助实例将各部分知识整合，通俗易懂，深入浅出，可供集成电路、芯片、半导体及相关行业的工程技术人员及入门级读者使用，也可作为教材供高等院校相关专业师生学习参考。

图书在版编目（CIP）数据

集成电路技术基础/张颖等编著. —北京：化学
工业出版社，2024.6
（"集成电路设计与集成系统"丛书）
ISBN 978-7-122-45376-1

I.①集⋯　Ⅱ.①张⋯　Ⅲ.①集成电路　Ⅳ.①TN4

中国国家版本馆CIP数据核字(2024)第069582号

责任编辑：贾　娜　　　　　　　文字编辑：张　琳　温潇潇
责任校对：刘　一　　　　　　　装帧设计：史利平

出版发行：化学工业出版社
　　　　　（北京市东城区青年湖南街13号　邮政编码100011）
印　　装：河北京平诚乾印刷有限公司
787mm×1092mm　1/16　印张12¼　字数296千字
2024年8月北京第1版第1次印刷

购书咨询：010-64518888　　　　售后服务：010-64518899
网　　址：http://www.cip.com.cn
凡购买本书，如有缺损质量问题，本社销售中心负责调换。

定　　价：89.00元　　　　　　　　　　版权所有　违者必究

集成电路技术是信息技术的基础，被誉为现代电子工业的心脏和高科技的原动力。集成电路技术对信息时代产生巨大的影响，如今飞速发展的信息技术和人工智能技术都需要集成电路的支撑。目前，集成电路产业发展迅速，规模不断扩大，具有广阔的市场前景。

本书从"一粒沙子"开始讲起，从硅基半导体材料讲到基本器件，让读者对集成电路的基础——器件的结构与作用有基本认识；以集成电路的产出为主线，阐述集成电路设计、制备工艺、封装以及测试方法；根据行业发展情况，介绍新型材料、工艺，多学科融合等先进知识。各章主要内容：第1章介绍集成电路基本概念及发展史；第2、3章对作为集成电路基础的半导体物理及器件物理基本理论进行阐述；第4章介绍集成电路工艺中各单步工艺的基本原理及流程，并通过EDA工具模拟MOSFET双阱工艺实例，完成工艺整合；第5章介绍集成电路设计基本理论与流程，并用EDA工具完成CMOS反相器的电路设计、功能仿真及版图设计和验证实例；第6章介绍集成电路封测技术的基本概念、分类及流程，并运用EDA工具完成基础DIP及芯片级BGA流程的应用实例；第7章介绍集成电路发展路上的"卡脖子"设备问题及"弯道超车"的第三代半导体的发展及前沿应用。

本书具有以下特点。

1. 内容全面——既见"树木"，又见"森林"

集成电路是一门综合性很强的技术，本书致力于全面介绍集成电路知识，从半导体物理基础到集成电路设计、制造、封装，全面阐述影响信息时代发展的微电子学技术，帮助读者对微电子技术能有全面的掌握和理解。

2.实践与理论结合——了解"积木",学会"搭建"

为提高可读性,本书注重将实践案例引入对应章节,通过流程整合、模拟仿真等方式,帮助读者将相关知识融会贯通。通过EDA工具对CMOS电路设计与制造实例、工艺进行模拟,帮助读者加深对于工艺的理解和掌握。如果把各知识的基础理论比作形状各异的积木,那么实践案例就是用积木搭建起来的建筑。通过实践过程理解理论知识的关联与作用,从而实现理论与实践不脱节,有的放矢,学以致用。

3.注重基础,兼顾拓展——与时俱进,指引方向

本书以传统硅基为基础,介绍材料、器件、工艺封装等内容,同时针对热门新兴技术进行拓展,总结新材料、新工艺、新封装形式,并介绍现今"半导体制造"设备供应链以及集成电路技术与其他学科交叉融合等与时俱进的内容。

本书致力于全面介绍集成电路技术的"前世今生",注重可读性和易学性,用通俗易懂的语言,借助实例将各部分知识整合,深入浅出地介绍集成电路技术的主要知识。本书可供集成电路、芯片、半导体及相关行业的工程技术人员及入门级读者使用,也可作为教材供高等院校相关专业师生学习参考。

本书由张颖、曹海燕、宋文斌、冀然编著,特别感谢青岛天仁微纳科技有限责任公司提供了行业前沿发展情况和应用实例。

由于作者水平所限,不足之处在所难免,敬请广大读者批评指正。

编著者

目录

第 3 章 集成电路的积木——半导体器件

第6章 披袍擐甲——集成电路封测技术 ———————————————— 142

本书内容

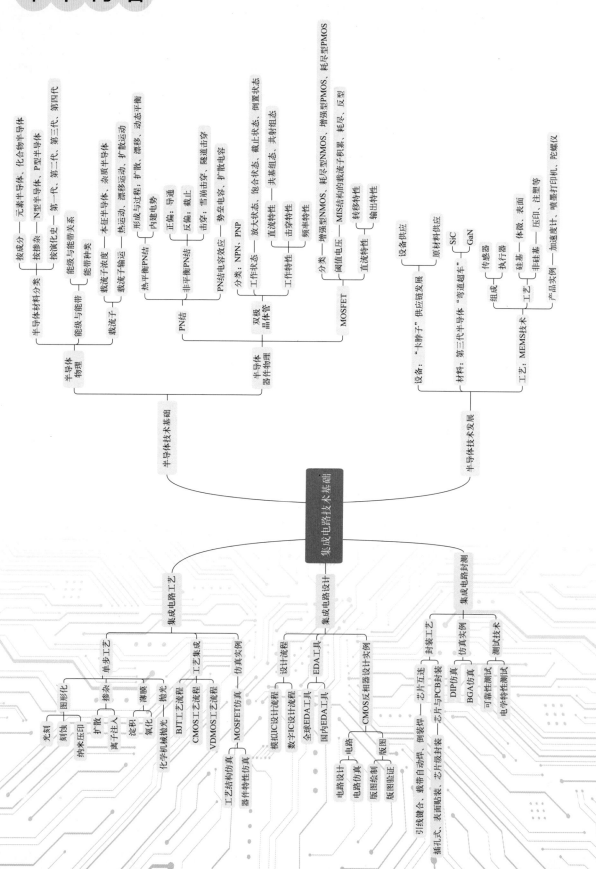

第 1 章

星火燎原——集成电路技术概述

▶▶ 思维导图

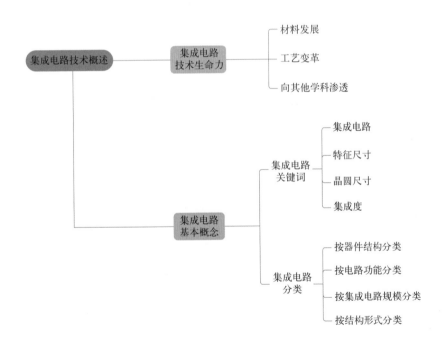

　　半个世纪以来，以集成电路为核心的信息化技术革命正在以迅雷不及掩耳之势推动着世界经济和社会的发展，推动着科学技术和生产力在多领域里进行根本性变革，创造了空前的信息文明，改变了人类的生产和生活方式。本章概述集成电路的"前世"和"今生"，一起打开一幅集成电路技术发展的巨大画卷。

1.1 集成电路技术的发展历程

集成电路经历了从晶体管到集成电路，再到超大规模集成电路的演变，集成度有了质的飞跃，其过程倾注了大批科学家的心血，让我们通过集成电路史上最著名的10个人来了解这一发展历程。

■ （1）第1～3位：肖克利、巴丁和布拉顿——晶体管的发明人

晶体管是集成电路的基本，没有晶体管的发明，就不可能发明集成电路，因此我们把肖克利、巴丁和布拉顿三人（图1.1），放到集成电路发展史中传奇人物的第一位。

威廉·肖克利　　　　　　　约翰·巴丁　　　　　　　沃尔特·布拉顿

图1.1　晶体管发明人

这三个人中，肖克利首先提出了一个假说，认为半导体表面存在一个与表面俘获电荷相等而符号相反的空间电荷层，使半导体表面与内部体区形成一定电势差，该电势差决定了半导体的整流功能。通过电场改变空间电荷层，电荷会导致表面电流改变，产生放大作用，这就是肖克利半导体表面空间电荷假说。巴丁提出了表面态理论，提出了利用场效应作为放大器的几何结构。布拉顿以此设计了实验，在一个楔形的绝缘体上蒸金，然后用刀片将楔形尖角上的金划开一条小缝，即分割成两个间距很小的触点，将楔形体与锗片接触，两个触点分别作为发射极和集电极，衬底作为基极，这就是在1947年12月23日诞生的第一块晶体管。肖克利被称为"晶体管之父"，他招募了一批杰出的年轻科学家，其中有大名鼎鼎的"八叛逆"，为后续的仙童公司、英特尔公司等一大批知名半导体公司的创立打下了基础。

■ （2）第4位：杰克·基尔比（Jack S. Kilby）——集成电路之父

杰克·基尔比（1923年11月8日－2005年6月20日，图1.2）。1958年，基尔比加入德州仪器公司。

1958年9月12日，基尔比研制出世界上第一块集成电路，如图1.3所示，成功地实现了把电子器件集成在一块半导体材料上的构想，并通过了德州仪器公司高层管理人员的检查。这一天，集成电路取代了晶体管，为开发电子产品的各种功能铺平了道路，并且大幅度降低了成本，使微处理器的出现成为可能，开创了电子技术历史的新纪元，让我们现在习以为常的一切电子产品的出现不再只是梦想。

图1.2 杰克·基尔比 　　　　　　　　　　　　　　图1.3 第一块集成电路

伟大的发明与人物总会被历史验证与牢记，基尔比因为发明集成电路而获得2000年的诺贝尔物理学奖。诺贝尔奖评审委员会的评价很简单："为现代信息技术奠定了基础。"这份殊荣，经过四十多年的检验显得愈发珍贵，更是整个人类对基尔比伟大发明的充分认可。

■ （3）第5位：罗伯特·诺伊斯（Robert Noyce）——科学、商业双料巨人

罗伯特·诺伊斯（图1.4），"八叛逆"之一。

诺伊斯是一位科学界和商业界的奇才。他说："在工厂，我们把所有晶体管完美排列在单个硅片上，然后把它们切成一小块一小块的。我们得雇数千名女工用镊子把它们夹起来，然后把晶体管连接到一起……这样的做法看起来太愚蠢，成本高，不可靠，它明显制约了人们可以构建的电路的复杂性。这是个亟待解决的问题。答案当然是，一开始就不要把它们切开，但当时没人真正意识到这一点。"既然已经把晶体管转变成了近似平面的元器件，那为什么不把导线从晶体管的顶部拉过去呢？但任何金属丝，即使它只有人类头发丝几分之一那么细，都要比没有金属丝占用更多空间。也许可以在晶体管的氧化层上印上一种金属，这种金属可以起到导线的作用。这样，就不需要之前的那种导线了。如果印在晶体管上的一条金属线能连接晶体管的不同区域（如正极和负极），那为什么不把晶体管也那样一个一个连接起来呢？而且，为什么不把电阻、电容和其他各种电子器件也连接起来呢？为什么不把一个完整的集成电路放在硅片上，纠正那个数百人将粗大的电线植入极其宝贵的空间的"愚笨"做法？由电线连接的台面晶体管过渡到刻蚀在硅片上的无线平面集成电路，这是历史性的一刻。

就这样，诺伊斯在基尔比的基础上发明了可商业生产的集成电路，如图1.5所示，使半导体产业由"发明时代"进入了"商用时代"。同时，他还与其他人共同创办了两家硅谷最伟大的公司：一个是曾经有半导体行业"黄埔军校"之称的仙童（Fairchild）公司，一个是设计和生产半导体的科技巨擘英特尔公司。一个人同时置身科学界和商业界，最终还能成绩斐然，实属罕见，而诺伊斯却做到了，他已经成为半导体工业的象征人物，人们尊敬地称他为"硅谷市长"。这位"硅谷市长"的成就也成为半导体行业工程师日夜奋斗的目标。

图1.4　罗伯特·诺伊斯

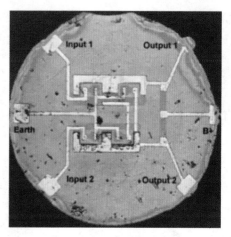

图1.5　第一块适用于规模化生产的集成电路

■（4）第6位：琼·赫尔尼（Jean Hoern）——奠定了硅作为电子产业中关键材料的地位

琼·赫尔尼（图1.6），"八叛逆"（图1.7）之一。1924年出生于瑞士，分别在剑桥大学和日内瓦大学取得博士学位。

1952年，琼·赫尔尼移居美国，在加州理工学院工作，受到威廉·肖克利赏识，几年后加入肖克利半导体公司。因为受不了肖克利的家长式作风，1957年9月，包括琼·赫尔尼在内的八个骨干工程师从肖克利半导体公司辞职。肖克利在震惊之余极其愤怒，称他们为"八叛逆"。这八个人后来组建了仙童公司，对硅谷的发展产生了极其重要的影响。1959年，琼·赫尔尼发明了平面工艺使用的一种叫做光学刻蚀的处理方法，这种方法有些类似于利用底片冲洗照片的过程。开始，他用的是一片锗或硅。然后他在上面喷洒一层叫做光阻剂的物质。如果把光照在上面，光阻剂就会变得坚硬，然后就可以用一种特殊的化学药品清除掉没有被光照射到的光阻剂。所以，赫尔尼就创造了一个光罩，它就像一张底片，上面有一簇小孔，用来过滤掉不清洁的东西，然后让它在光线中翻动。在化学洗涤之后，金属板上只要是留下光阻剂的地方，杂质就不会散落到下面，解决了平面晶体管的可靠性问题，因而使半导体生产发生了革命性的变化，堪称"20世纪意义最重大的成就之一"，并奠定了硅作为电子产业中关键材料的地位。

图1.6　琼·赫尔尼

图1.7　"八叛逆"

■ （5）第7位：戈登·摩尔（Gordon Moore）—— 一个人一个行业的定律

戈登·摩尔（图1.8），"八叛逆"之一。1929年1月3日，戈登·摩尔出生在旧金山南部的一个小镇。1954年获物理化学博士学位，1956年同诺伊斯一起创办了传奇般的仙童（Fairchild）公司，主要负责技术研发。1968年诺伊斯辞职后，戈登·摩尔跟随而去，一起创办了英特尔（Intel）公司。

1965年的一天，摩尔离开硅晶体车间后，拿了一把尺子和一张纸，画了个草图。纵轴代表不断发展的芯片，横轴为时间，结果集成电路上可容纳的晶体管数目呈很有规律的几何增长。这就是他提出的大名鼎鼎的摩尔定律，如图1.9所示：当价格不变时，集成电路上可容纳的晶体管数目，每隔18～24个月便会增加一

图1.8 戈登·摩尔

倍，性能也将提升一倍。换言之，每一美元所能买到的电脑性能，将每隔18～24个月翻两倍以上。这一定律揭示了信息技术进步的速度，为半导体从业者的研究指明了方向。

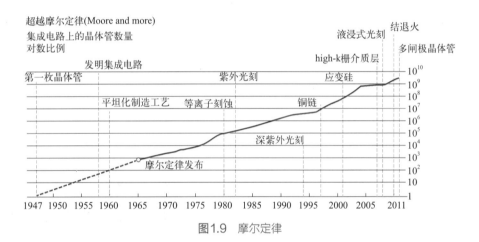

图1.9 摩尔定律

■ （6）第8位：安迪·格罗夫（Andy Grove）——微处理器之王

安迪·格罗夫（图1.10）也是英特尔公司的创始人（图1.11）。

图1.10 安迪·格罗夫

图1.11 英特尔（Intel）公司创始人

还记得没有微处理器之前的生活吗？可以这样说，没有微处理器，就算有一万个年少轻狂、才华横溢的比尔·盖茨也无施展之处。1971年11月15日，成立3年的英特尔公司推出了世界上第一块微处理器。从1987年接过英特尔CEO的接力棒之后，安迪·格罗夫不断以打破传统、挑战现有逻辑的战略思维，使微处理器这颗数字革命的心脏强劲跳动，为数字时代提供源源不断的动力。同样地，没有安迪·格罗夫，也就没有今天的半导体公司英特尔（Intel）。

■ （7）第9位：胡正明——FinFET鳍式场效应晶体管等多种新结构器件的发明人

胡正明（图1.12）1947年出生于北京，1973年在加州大学伯克利分校获得博士学位，并一直从事半导体器件的开发及微型化研究。

胡正明教授是微电子微型化物理及可靠性物理研究的一位重要开拓者，对半导体器件的开发及未来的微型化作出了重大贡献。主要科技成就为：领导研究出BSIM，即从实际MOSFET（金属-氧化物-半导体场效应晶体管）的复杂物理系统推演出数学模型，该数学模型于1997年被国际上38家大公司参与的晶体管模型理事会选为设计芯片的第一个且唯一的国际标准；发明了在国际上备受瞩目的FinFET等多种新结构器件，如图1.13所示是FinFET基础结构；对微电子器件可靠性物理研究贡献突出，首先提出热电子失效的物理机制，开发出用碰撞电离电流快速预测器件寿命的方法，并且提出薄氧化层失效的物理机制和用高电压快速预测薄氧化层寿命的方法；首创了在器件可靠性物理的基础上检验IC（集成电路）可靠性的计算机数值模拟工具。

图1.12 胡正明

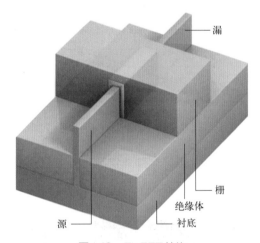

图1.13 FinFET结构

作为顶级半导体专家，胡正明教授贡献卓著，他是IEEE Fellow（会士）、美国工程院院士、中国工程院外籍院士。在台湾积体电路制造股份有限公司担任CTO（首席技术官）时获得"台湾第一CTO"的称号。但胡正明是一位真正的隐世高人，淡泊名利，一生都奉献给了最热爱的半导体产业，并且无怨无悔，用他自己的话说就是："如果我今天要重新再选一行的话，我还是会选半导体这一行。"2010年后，持续数十年的Bulk（体硅）CMOS（互补金属氧化物半导体）工艺技术在20nm走到尽头，胡教授在20年前开始探索并发明的FinFET和FD-SOI（全耗尽型绝缘体上硅薄膜）工艺，成为半导体产业仅有的两个重要选择。因为他的这两个重要发明，摩尔定律在今天才能得以再续传奇。

■ （8）第10位：张忠谋——集成电路代工产业的缔造者

一个人定义了一个产业，一个人开创了一个新的代工时代，一个人让整个集成电路行业更有活力，这个人就是张忠谋（图1.14）。

27岁的张忠谋效力于德州仪器公司，并且一干就是25年。1985年，张忠谋辞去在美国的高薪职位返回中国台湾，出任台湾工业技术研究院院长，致力于半导体业的崛起和产业升级，1987年创建了专业代工公司——台湾积体电路制造股份有限公司（简称台积电），开创了半导体代工时代。

在台积电之前，集成电路行业的模式都是一样的：所有的集成电路都是自己设计，自己制作。英特尔、三星等公司集芯片设计和生产于一体，全能但机构庞大臃肿。正是这种大而全的设计生产方式，带来了高成本、高门槛的弊端，放慢了整个集成电路行业的步伐。看到这一商业机会的张忠谋，

图1.14 张忠谋

大胆成立"纯"晶圆代工公司，不与客户竞争，不设计或生产自有集成电路，只帮助半导体公司生产已经设计成型的集成电路。正是这种模式为台积电带来了巨大财富，同时也创造了两个新的产业——晶圆代工厂、Fabless（无生产线集成电路设计公司）。由于省去了费用高昂的晶圆制造环节，集成电路行业整体门槛降低，诞生了一大批新生的具有活力的集成电路设计公司，为整个集成电路行业带来了新活力与创意。

2007年，英特尔宣布与台积电同时生产45nm工艺的芯片。同时，传统芯片公司NXP和德州仪器公司也宣布，将停止开发一些芯片生产技术，转而与台积电等亚洲晶圆代工企业合作制造芯片。集成电路细分工时代全面到来，一个更具活力的集成电路行业展现在我们面前。

1.2 集成电路基本概念

1.2.1 集成电路关键词

① 集成电路。集成电路（Integrated Circuit，IC）是一种微型电子器件或部件。采用一定的工艺，把一个电路中所需的晶体管、电阻、电容和电感等元件及布线互连到一起，制作在一小块或几小块半导体晶片或介质基片上，然后封装在一个管壳内，成为具有所需电路功能的微型结构，如图1.15（a）所示即一块封装好的集成电路。从广义上讲，我们经常提到的芯片就是集成电路。其中所有元件在结构上已组成一个整体，使电子元件向着微小型化、低功耗、智能化和高可靠性方面迈进了一大步。

② 特征尺寸。特征尺寸指半导体器件中的最小尺寸。一般来说，特征尺寸越小，芯片的集成度越高，性能越好。

③ 晶圆尺寸。晶圆是生产集成电路的载体和必不可少的材料，如图1.15（b）所示。晶圆尺寸越大，晶圆利用率越高，那么芯片的生产成本就越低，且效率更高。市面上出现的

(a) 集成电路 (b) 晶圆

图1.15　集成电路与晶圆

晶圆直径主要是150mm、200mm、300mm，分别对应的是6in、8in、12in的晶圆，主流是300mm的，也就是12in的晶圆，占了所有晶圆的80%左右。

④ 集成度。集成度是指图形中最小线条宽度，集成电路的集成度是指单块芯片上所容纳的元件数目，集成度越高，所容纳的元件数目越多。

集成电路的概念通常会跟半导体、微电子学等联系在一起。由于半导体材料是制造集成电路的主要材料，通常会将半导体产业与集成电路产业类比。而微电子学是研究集成电路的学科泛指概念，所以通常说微电子学研究的目标就是集成电路。

微电子学是信息领域的重要基础学科，在信息领域中，微电子学是研究并实现信息获取、传输、存储、处理和输出的科学，是研究信息载体的科学，构成了信息科学的基石，其发展水平直接影响着整个信息技术的发展。微电子科学技术是信息技术中的关键，其发展水平和产业规模是一个国家经济实力的重要标志。

微电子学是一门综合性很强的边缘学科，包括了半导体器件物理、集成电路工艺和集成电路及系统的设计、测试等多方面的内容；涉及固体物理学、量子力学、热力学与统计物理学、材料科学、电子线路、信号处理、计算机辅助设计、测试与加工、图论、化学等多个学科。微电子学是一门发展极为迅速的学科，高集成度、低功耗、高性能、高可靠性是微电子学发展的方向。信息技术发展的方向是多媒体（智能化）、网络化和个体化，要求系统获取和存储海量的多媒体信息，以极高速度精确地处理和传输这些信息，并及时地把有用信息显示出来或用于控制，以上这些只有依赖微电子技术的支撑才能成为现实。超高容量、超小型、超高速、超高频、超低功耗是信息技术无止境追求的目标，是微电子技术迅速发展的动力。

随着特征尺寸的不断减小，微电子学已进入纳米量级，固体电子学的理论、材料和加工技术等都面临新的挑战。

1.2.2　集成电路分类

集成电路的应用范围广泛，门类繁多，其分类方法也多种多样，其中常见的分类方法主要包括：按器件结构类型、电路功能、集成电路规模、结构形式等。

■ （1）按器件结构类型分类

根据集成电路中有源器件的结构类型和工艺技术，一般可以将集成电路分为三类，分别为双极、金属-氧化物-半导体（MOS）和双极-MOS（BiMOS）集成电路。

① 双极集成电路。这种结构的集成电路是半导体集成电路中最早出现的电路形式。1958年制造出的世界上第一块集成电路就是双极集成电路。这种电路采用的有源器件是双极晶体管，这正是取名为双极集成电路的原因。而双极晶体管则是由于它的工作机制依赖于电子和空穴两种类型的载流子而得名。在双极集成电路中，可以根据双极晶体管类型的不同而将它细分为NPN型和PNP型双极集成电路。

双极集成电路的特点是速度快、驱动能力强，缺点是功耗较大、集成度相对较低。

② 金属-氧化物-半导体（MOS）集成电路。这种电路中所用的晶体管为MOS晶体管，故取名为MOS集成电路。MOS晶体管是由金属-氧化物-半导体结构组成的场效应晶体管，主要靠半导体表面电场感应产生的导电沟道工作。在MOS晶体管中，起主导作用的只有一种载流子（电子或空穴），因此有时为了与双极晶体管对应，也称它为单极晶体管。根据MOS晶体管类型的不同，MOS集成电路又可以分为NMOS（N型MOS）、PMOS（P型MOS）和CMOS（互补MOS）集成电路。

与双极集成电路相比，MOS集成电路的主要优点是：输入阻抗高、抗干扰能力强、功耗小、集成度高。

③ 双极-MOS（BiMOS）集成电路。同时包括双极和MOS晶体管的集成电路为BiMOS集成电路。根据前面的分析，双极集成电路具有速度快、驱动能力强等优势，MOS集成电路则具有功耗低、抗干扰能力强、集成度高等优势。BiMOS集成电路则综合了双极和MOS器件两者的优点，但这种电路具有制作工艺复杂的缺点。

■ （2）按电路功能分类

根据集成电路的功能，可以将其划分为数字集成电路、模拟集成电路和数模混合集成电路三类。

① 数字集成电路（Digital IC）。它是指处理数字信号的集成电路，即采用二进制方式进行数字计算和逻辑函数运算的一类集成电路。由于这种电路都具有某种特定的逻辑功能，因此也称它为逻辑电路。根据该类集成电路与输入信号时序的关系，又可以分为组合逻辑电路和时序逻辑电路。前者的输出结果只与当前的输入信号有关，例如反相器、与非门、或非门等都属于组合逻辑电路；后者的输出结果则不仅与当前的输入信号有关，而且还与以前的逻辑状态有关，例如触发器、寄存器、计数器等就属于时序逻辑电路。

② 模拟集成电路（Analog IC）。它是指处理模拟信号（连续变化的信号）的集成电路。模拟电路的用途很广，例如在工业控制、测量、通信、家电等领域都有着很广泛的应用。由于早期的模拟集成电路主要是指用于线性放大的放大器电路，因此这类电路长期以来被称为线性IC，直到后来又出现了振荡器、定时器以及数据转换器等许多非线性集成电路，才将这类电路叫做模拟集成电路。因此，模拟集成电路又可以分为线性和非线性集成电路。线性集成电路又叫做放大集成电路，这是因为放大器的输出信号电压波形通常与输入信号的波形相似，只是被放大了许多倍，即它们两者之间呈线性关系，如运算放大器、电压比较器、跟随器等。非线性集成电路则是指输出信号与输入信号成非线性关系的集成电路，如振荡器、定时器等电路。

③ 数模混合集成电路（Digital-Analog IC）。随着电子系统的发展，迫切需要既包含数字电路，又包含模拟电路的新型电路，这种电路通常称为数模混合集成电路。最先发展起来的

数模混合集成电路是数据转换器，主要用来连接电子系统中的数字部件和模拟部件，用以实现数字信号和模拟信号的互相转换，因此它可以分为数模（D/A）转换器和模数（A/D）转换器两种，目前已经成为数字技术和微处理器在信息处理、过程控制等领域推广应用的关键组件。除此之外，数模混合集成电路还有电压-频率转换器和频率-电压转换器等。

■ （3）按集成电路规模分类

根据集成电路规模的大小，通常将集成电路分为小规模集成电路（Small Scale IC，SSI）、中规模集成电路（Medium Scale IC，MSI）、大规模集成电路（Large Scale IC，LSI）、超大规模集成电路（Very Large Scale IC，VLSI）、特大规模集成电路（Ultra Large Scale IC，ULSI）和巨大规模集成电路（Gigantic Scale IC，GSI）。集成电路规模的划分主要是根据集成电路中的器件数目，即集成度确定。同时，具体的划分标准还与电路的类型有关。通常的划分标准如表1.1所示。

表1.1 按集成度分类的集成电路

分类	名称	数字MOS	数字双极型	模拟型
小规模集成电路	SSI	$<10^2$	<100	<30
中规模集成电路	MSI	$10^2 \sim 10^3$	$100 \sim 500$	$30 \sim 100$
大规模集成电路	LSI	$>10^3 \sim 10^5$	$>500 \sim 2000$	$>100 \sim 300$
超大规模集成电路	VLSI	$>10^5 \sim 10^7$	>2000	>300
特大规模集成电路	ULSI	$>10^7 \sim 10^9$	—	—
巨大规模集成电路	GSI	$>10^9$	—	—

■ （4）按结构形式分类

按照集成电路的结构形式，可以将它分为单片集成电路及混合集成电路。

① 单片集成电路。指电路中所有的元器件都制作在同一块半导体基片上的集成电路。这是最常见的一种集成电路。通常，在不加任何修饰词的情况下提到的集成电路就是指这种集成电路。在单片集成电路中最常用的半导体材料是硅。除此之外，还有GaAs等半导体材料。

② 混合集成电路。指将多个半导体集成电路芯片或半导体集成电路芯片与各种分立元器件通过一定的工艺进行二次集成，构成一个完整的、更加复杂的功能器件，该功能器件最后被封装在一个管壳中，作为一个整体使用。因此，有时也称混合集成电路为二次集成IC。在混合集成电路中，主要由片式无源元件（电阻、电容、电感、电位器等）、半导体芯片（集成电路、晶体管等）、带有互连金属化层的绝缘基板（玻璃、陶瓷等）以及封装管壳组成。

1.3 集成电路技术的生命力

1.3.1 半导体材料技术的突飞

一百多年前，人们就对介于导体和绝缘体之间的半导体有了认识。一百多年来，人类在逐步深化对微观世界的认识、建立固体物理微观理论的同时，通过实践认识了各种各样的具有半导体特性的材料。半导体材料作为制作半导体器件和集成电路的电子材料，是半导体工业的基础。利用半导体材料制作的各种各样的半导体器件和集成电路，促进了现代信息社会的飞速发展。

■ （1）第一代半导体材料：硅（Si）、锗（Ge）

在半导体材料的发展历史上，最初被人类大量采用的半导体材料是元素半导体锗（Ge）。正是1947年巴丁等人发明晶体管时用的锗。20世纪50年代后期，人们渐渐认识到了另一种元素半导体硅（Si）的优越性。硅的表面很容易被人为地高温氧化，生长一层绝缘的SiO_2层，这层薄膜非常稳定而且工艺可控，重复性很好。它的厚度可以控制到几个原子层的精度，这使得硅上的金属-氧化物-半导体（MOS）器件成为集成电路的主流器件。同时，由于硅的禁带宽度为1.1eV，而锗的禁带宽度只有0.67eV，因此锗器件的热稳定性较差，最高工作温度只有85℃，而硅可以工作到160℃甚至更高。从20世纪60年代进入集成电路时代开始，锗被渐渐淘汰，硅几乎成了半导体的代名词。

目前，半导体器件和集成电路仍然主要是用硅晶体材料制造的，硅器件占全球销售的所有半导体产品的95%以上。硅半导体材料及其集成电路的发展促进了微型计算机的出现和整个信息产业的飞跃。

■ （2）第二代半导体材料：砷化镓（GaAs）、磷化铟（InP）

随着以光通信为基础的信息高速公路的崛起和社会信息化的发展，以砷化镓、磷化铟为代表的第二代半导体材料崭露头角，并显示出其巨大的优越性。砷化镓和磷化铟半导体激光器成为光通信系统中的关键器件，砷化镓高速器件也开拓了光纤及移动通信的新产业。

砷化镓等材料的电子迁移率差不多是硅材料的6倍。它们的峰值电子速度也是硅的饱和电子速度的2倍还多。禁带宽度和临界击穿场强也比硅的高，显然是制造高频电子器件的理想材料。此外，由于砷化镓的禁带宽度宽，因而抗辐射能力强，很多航天产品中都使用砷化镓器件电路。

■ （3）第三代半导体材料：氮化镓（GaN）、碳化硅（SiC）

第三代半导体材料的兴起，是以氮化镓材料P型掺杂的突破为起点，以高效率蓝绿光发光二极管和蓝光半导体激光器的研制成功为标志的，它在光显示、光存储、光照明等领域有着广阔的应用前景。

以氮化镓和碳化硅为代表的第三代半导体材料，具备高击穿电场、高热导率、高电子饱和速率及高抗强辐射能力等优异性能，更适合于制作高温、高频、抗辐射及大功率电子器件，是固态光源和电力电子、微波射频器件的"核芯"，在半导体照明、新一代移动通信、能源互联网、高速轨道交通、新能源汽车、消费类电子等领域有广阔的应用前景，有望突破传统半导体技术的瓶颈，与第一代、第二代半导体技术互补，对节能减排、产业转型升级、催生新的经济增长点将发挥重要作用。

第三代半导体材料的开发是目前全球战略竞争新的制高点，也是我国的重点扶持行业。

■ （4）第四代半导体材料：氧化镓（Ga_2O_3）

能源、信息、国防、轨道交通、电动汽车等领域的快速发展，对功率半导体器件性能提出了更高的要求，高耐压、低损耗、大功率器件成为未来发展的趋势。在材料特性方面，氧化镓禁带宽度高达4.9eV，远远高于碳化硅（3.26eV）和氮化镓（3.4eV）等半导体材料。与硅（1.1eV）相比，氧化镓的禁带宽度更是其4.5倍。如图1.16半导体材料特性对比，氧化镓材料临界电场强度和禁带宽度更大，因此拥有更高的热稳定性与深紫外光电特性。相较于碳化硅和氮化镓所制成的产品，更加耐热且高效、成本更低、应用范围更广（图1.17），是被国际普遍关注并认可，已开启产业化的第四代半导体材料。

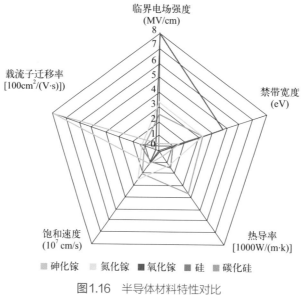

图1.16　半导体材料特性对比

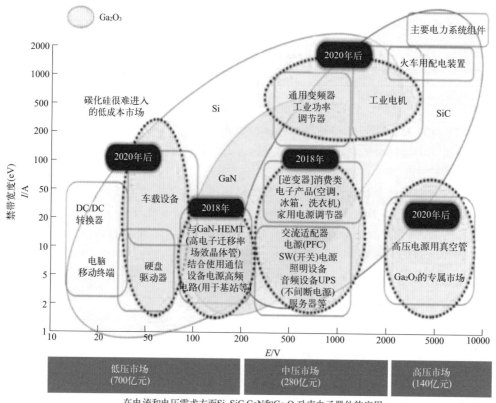

图1.17　半导体材料应用领域

日本在氧化镓研究方面走在前列，2012年，日本国立信息通信技术研究所（NICT）开发出了世界首个单晶 β-氧化镓场效应晶体管，其击穿电压达到250V以上。达到这个里程碑，氮化镓用了近20年。此后不久又报道了肖特基势垒二极管（SBD），给业界打开了氧化镓新应用的大门。

① 中国研究成果：高耐压氧化镓二极管

中国科学院课题组采用的JTE（终结端扩展）设计能够有效缓解 NiO/Ga_2O_3 结边缘电场聚集效应，提高器件的击穿电压。退火工艺能够极大降低异质结的反向泄漏电流，提高电流开关比。最终测试结果表明该器件具有 $2.5m\Omega\cdot cm$ 的低导通电阻率和室温下 $2.66kV$ 的高击穿电压，其功率品质因数高达 $2.83GW/cm^2$。此外，器件在250℃下仍能保持1.77kV的击穿电压，表现出极好的高温阻断特性，这是该领域首次报道的高温击穿特性。

② 中国研究成果：氧化镓增强型异质结场效应晶体管

中国科学技术大学课题组在原有增强型晶体管设计基础上，引入了同样为宽禁带半导体材料的P型NiO，并与沟槽型结构相结合，成功设计并制备出了氧化镓增强型异质结场效应晶体管。该器件达到了0.9V的阈值电压、较低的亚阈值摆幅（73mV/dec）、高器件跨导（14.8mS/mm）以及接近零的器件回滞特性，这些特性表明该器件具有良好的栅极控制能力。此外，器件的导通电阻率得到了很好的保持，为 $151.5\Omega\cdot mm$，并且击穿电压达到了980V。

③ 中国研究成果：异质集成材料解决散热问题

中国科学院上海微系统与信息技术研究所欧欣研究员课题组与西安电子科技大学郝跃院士团队的韩根全教授合作，利用基于"万能离子刀"的异质集成技术将氧化镓材料与器件的散热能力提升4倍以上，并在实验中观测到了异质集成 Ga_2O_3 器件的表面温度明显低于 Ga_2O_3 体衬底器件。利用红外热成像技术直观地观察到在相同功率下，基于 Ga_2O_3/SiC 异质集成材料的SBD器件表面温度明显低于 Ga_2O_3 体材料器件，Ga_2O_3/SiC 异质集成材料的等效热阻为43.55K/W，仅为 Ga_2O_3 体材料（188.24K/W）的1/4，这表明通过与高导热衬底集成能够有效提升 Ga_2O_3 器件的热耗散。

④ 更多中国机构加入氧化镓研究中

中国电科46所经过多年氧化镓晶体生长技术探索，通过改进热场结构、优化生长气氛和晶体生长工艺，有效解决了晶体生长过程中原料分解、多晶形成、晶体开裂等问题，采用导模法成功在2016年制备出国内第一片高质量的2in（1in=0.0254m）氧化镓单晶，在2018年底制备出国内第一片高质量的4in氧化镓单晶。中国电科46所制备的氧化镓单晶的宽度接近100mm，总长度达到250mm，可加工出4in晶圆、3in晶圆和2in晶圆。

2020年6月，复旦大学方志来团队在P型氧化镓深紫外日盲探测器研究中取得重要进展。采用固-固相变原位掺杂技术，同时实现了高掺杂浓度、高晶体质量与能带工程，从而部分解决了氧化镓的P型掺杂困难问题。

现阶段，氧化镓材料及应用技术仍处于研发阶段，上下游市场相关配套设施还不完善，且尚未形成完整可控的产业链。但业界已然看到氧化镓的发展潜力，并积极展开产业布局和生态建设。据预测，氧化镓晶圆市场将在未来十年内放量上涨，2030年，氧化镓晶圆市场将增长至30.2亿元。市场调查公司富士经济也表示，2030年氧化镓功率元件市场规模将突破78.8亿元。

1.3.2 集成电路工艺技术的猛进

■ （1）光刻技术

为提高特征尺寸，增加集成度，集成电路图形工艺——光刻工艺首当其冲成为焦点，也有人说，光刻是摩尔定律的前沿阵地。回顾光刻技术的发展历程，随着工艺节点的不断缩小，光刻技术主要经历了紫外（UV）光刻技术、深紫外（DUV）光刻技术和极紫外（EUV）光刻技术。光刻技术采用的光波长也随之从436nm、365nm、248nm向193nm、13.5nm等延伸迭代。EUV光刻技术最明显的特点是曝光波长一下子降到13.5nm，用13.5nm波长的EUV取代193nm的DUV光源，在光刻精密图案方面更具优势，能够减少工艺步骤，提升良率，也能大幅提升光刻机的分辨率。

但EUV光刻技术也面临挑战，关键难点在于材料吸收，因为波长太短，光子能量很高，基本上大部分材料都会很容易地吸收EUV光源，导致光源到达工作面时光强很弱，所以设计时，材料的选取非常关键，光刻环境也要求严格的真空环境。一种新光源光刻机的出现，必定会影响一整条产业链的格局，因为不同光源对掩膜材料、光刻胶材料、光学镜头等都有独特的要求。纵观光刻技术的发展历程，这项最精密复杂、难度最大、价格高昂的技术，在漫长的发展过程中，不断推动着摩尔定律的演进，让全球半导体产业为之前赴后继。

■ （2）纳米压印技术

20世纪90年代中叶，美国普林斯顿大学周郁（Stephen Chou）教授提出了纳米压印光刻（Nanoimprint lithography，NIL）概念，向人们展示了一种新型的、以模板为基础的纳米结构制造技术。该技术首先通过接触式压印完成图形转移，此方法类似于曝光和显影工艺，而后再通过等离子刻蚀工艺完成结构转移。该技术借鉴中国四大发明技术之一——印刷术，结合现代微电子工艺和材料技术，克服了光学曝光中由于衍射现象引起的分辨率极限等问题，显示了超高分辨率、高产量、低成本等适合工业化生产的独特优点，很快受到业界的赞赏，并激发起人们广泛的研究兴趣。

自被提出以来，纳米压印光刻技术凭借其低成本、高产出及高分辨率的优点，一直吸引着众多研究者从事这一技术的研发，他们围绕着改善材料性能、大面积压印、压印缺陷的控制、压印工艺特征分析、压印精度及可重复性等核心内容做了大量深入的研究，在最初热压印的基础上又不断地发展出新的压印方式。目前，纳米压印光刻技术已达到5nm以下的分辨率水平。

■ （3）堆叠封装技术

多片异构成为主流，先进封装带动异质整合新发展。单片同质集成向三维多片异构封装集成"改道"。三维多片异构封装可以提供更高的带宽、更低的功率、更低的成本和更灵活的形状因子。实现多片异构的方式有多种，如在2.5D封装中，所有晶片朝下，依靠硅中介层做TSV（硅通孔技术）；而3D封装更为复杂，是依靠SIP（系统级封装）在晶片和硅中介层做TSV，未来的发展趋势是整个IC都应用3D封装技术。

1.3.3 集成电路技术向其他学科的渗透

■ （1）生物芯片技术

20世纪90年代初开始实施的人类基因组计划取得了人们最初意料不到的巨大进展——

一项类似于计算机芯片技术的新兴生物技术随着人类基因组研究的进展应运而生了。生物芯片是近10年在生命科学领域中迅速发展起来的一项高新技术。主要是通过微加工和微电子技术在固体芯片表面构建微型生物化学分析系统，以对生命机体的组织、细胞、蛋白质、核酸、糖类以及其他生物组分进行准确、快速、大信息量的检测。目前常见的生物芯片分为三大类，即基因芯片、蛋白芯片、芯片实验室等。

目前制备生物芯片主要采用表面化学的方法或组合化学的方法来处理固相基质，如玻璃片或硅片，然后使DNA片段或蛋白质分子按特定顺序排列在片基上。目前已有将近40万种不同的DNA分子放在$1cm^2$的高密度基因芯片上，并且正在制备包含上百万个DNA探针的人类基因芯片。生物样品的制备和处理是生物芯片技术的第二个重要环节。生物样品往往是非常复杂的生物分子混合体，除少数特殊样品外，一般不能直接与芯片进行反应。要将样品进行特定的生物处理，获取其中的蛋白质或DNA、RNA等信息分子并加以标记，以提高检测的灵敏度。第三步是生物分子与芯片进行反应。芯片上的生物分子之间的反应是芯片检测的关键一步。通过选择合适的反应条件，使生物分子间的反应处于最佳状况中，减少生物分子之间的错配比率，从而获取最能反映生物本质的信号。生物芯片技术的最后一步就是芯片信号检测和分析。目前最常用的芯片信号检测方法是将芯片置入芯片扫描仪中，通过采集各反应点的荧光强弱和荧光位置，经相关软件分析图像，即可以获得有关生物信息。

■ （2）MEMS（微机电系统）

MEMS将电子系统和外部世界的物理量有机地联系起来，涉及微加工技术、机械学、固体声波理论、热流理论、电子学、生物学，等等。MEMS器件的特征长度可以从1mm到1μm，相比之下，头发的直径大约是50μm。MEMS传感器的主要优点是体积小、重量轻、功耗低、可靠性高、灵敏度高、易于集成等，是微型传感器的主力军，正在逐渐取代传统机械传感器，在各个领域几乎都有研究。

MEMS需要专门的IC进行采样或驱动，一般分别制造好MEMS和IC，再粘在同一个封装内可以简化工艺。MEMS技术具有集成可能性，正如之前提到的，MEMS和ASIC（专用集成电路）采用相似的工艺，因此具有极大的潜力将二者集成，MEMS结构可以更容易地与微电子集成。

目前MEMS产品已成功应用在汽车电子、投影显示、喷墨打印、医学检测、药物研制、光通信、消费电子等领域，近年来又以强劲势头进入物联网和可穿戴设备领域。

本章小结

本章简要介绍集成电路的基础概念。以集成电路历史名人为主线，综合讲述了集成电路的发展史。通过讲解半导体材料、集成电路工艺技术、集成电路与其他学科的融合，概述了集成电路技术的"前世今生"以及未来的发展趋势。

习题

一、选择题

1. 在表示集成电路集成时代的术语中，VLSI的意思是（　　）。

    A. 大规模集成电路　　　　B. 超大规模集成电路　　　　C. 中规模集成电路　　　　D. 无正确答案

2. 以下不属于按照集成度分类的集成电路是（　　）。

    A. LSI　　　　　　　　　　B. MSI　　　　　　　　　　C. VLSI　　　　　　　　　　D. MEMS

3. 以下不属于晶体管发明人的是（　　）。

    A. 肖克利　　　　　　　　B. 基尔比　　　　　　　　C. 巴丁　　　　　　　　　　D. 布拉顿

4. 理论情况下，以下术语数值越小越好的是（　　）。

    A. 集成度　　　　　　　　B. 晶圆尺寸　　　　　　　C. 芯片尺寸　　　　　　　　D. 特征尺寸

二、简答题

1. 什么是微电子学？简述其发展特点。

2. 简述集成电路分类方式。

3. 简述集成电路发展史。

拓展学习

    集成电路迅速而广泛地向其他学科拓展，促进了纳米生物学、纳米化学等边缘学科的产生和微/纳机电系统（MEMS/NEMS）的诞生。其技术潜在的巨大效益将渗透到科技发展的各个领域，从宏观到微观，从制造业到信息通信，从医药技术到生命科学，并结合而产生生物芯片等。还有半导体"塑料革命"的有机半导体，其提供的用于有机电致发光显示器（OLED）、计算机衣服和柔性显示等又开拓了许多新领域的潜在市场。请自主学习调研集成电路向各学科渗透的情况，归纳总结，完成一篇综述。

第**2**章

电子世界的基石——半导体物理

▶▶ **思维导图**

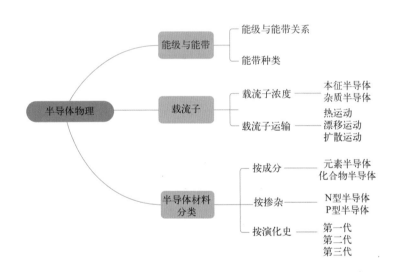

随着科学技术的不断发展，新兴的科技在生活的不同领域都有了重要的应用。半导体材料在电子科技进步过程中起到了基石的作用，是电子科学技术的基础，决定了电子科学技术的发展高度，从第一代硅半导体材料到第二代半导体材料到现在的第三代、第四代化合物半导体材料，半导体材料也处于不断的变化过程中。包括集成电路在内的电子器件，绝大多数是用半导体材料制作的。要了解半导体器件的结构和工作原理，首先要了解半导体材料的各种知识。本章主要讨论了固体材料按电阻率进行的分类（绝缘体、半导体和导体）及半导体材料的晶体结构；分析了元素半导体和化合物半导体、本征半导体和杂质半导体的特点，以及相应的载流子浓度；研究了在电场及载流子浓度梯度下，半导体器件中空穴和电子的输运现象，包括漂移运动和扩散运动等。

2.1 半导体材料的构成

自然物质主要存在气态、液态、固态和等离子体态等几种形态。根据电阻率的不同，通常把固体材料分为三类：绝缘体、半导体和导体，如图2.1和表2.1所示，电导率和电阻率关系互为倒数。本节主要介绍半导体材料，根据成分的不同，半导体材料主要分为元素半导体和化合物半导体。

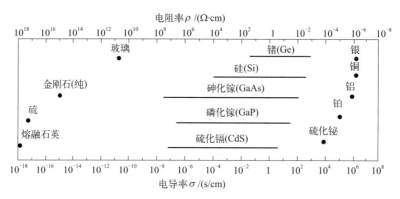

图2.1　一些重要材料的电导率和电阻率范围

表2.1　绝缘体、半导体和导体的电阻率范围

项目	绝缘体	半导体	导体
电阻率ρ/（$\Omega \cdot cm$）	$>10^9$	$10^9 \sim 10^{-4}$	$< 10^{-4}$

元素半导体是由同种元素组成的具有半导体特性的固体材料，微量杂质和外界条件（光、电、热、磁场等）变化都会显著改变其导电性能。在元素周期表中，金属和非金属元素之间有12种具有半导体性质的元素，其中只有锗（Ge）、硅（Si）性能优越，是获得了广泛应用的典型元素半导体材料，用于制作各种晶体管、整流器、集成电路、太阳能电池等。此外，硒（Se）在电子照相和光电领域中也获得了新的用途。

虽然锗作为半导体材料的应用早于硅材料，但是，如今硅已成为半导体制造的主要材料，硅是周期表中被研究最多且技术最成熟的半导体元素。这是因为：硅器件在室温下具备较佳的特性，且高品质的氧化层可以采用热氧化生长的方式制备；从经济角度考虑，用于制造器件等级的半导体材料，硅的价格相对更低廉；原材料丰富，二氧化硅和硅酸盐中的硅含量占地表的25%，仅次于氧含量。

化合物半导体由两种或两种以上的元素组成，且化合物半导体材料的禁带宽度高于硅。由Ⅲ族元素铝（Al）、镓（Ga）及Ⅴ族元素砷（As）组成的合金半导体$Al_xGa_{x-1}As$即是一种三元化合物半导体；具有$A_xB_{1-x}C_yD_{1-y}$形式的四元化合物半导体则可由许多二元及三元化合物半导体组成，例如，合金半导体$Ga_xIn_{1-x}As_yP_{1-y}$是由磷化镓（GaP）、磷化铟（InP）及砷化镓（GaAs）组成。

截至目前，半导体材料主要经历了四代演变。硅和锗是第一代半导体材料，主要应用于低压、低频、中功率晶体管光电探测器等。第二代半导体以砷化镓（GaAs）和磷化铟（InP）等化合物半导体为代表，主要应用于微波、毫米波器件和发光器件等。第三代半导体以氮化镓（GaN）、碳化硅（SiC）等宽禁带化合物半导体为代表，主要应用于高温、高频、抗辐射、大功率器件、半导体激光器等。第四代半导体指氧化镓（Ga_2O_3）、金刚石（C）、氮化铝（AlN）等超宽禁带半导体材料，以及锑化镓（GaSb）、锑化铟（InSb）等超窄禁带半导体材料。第四代超宽禁带半导体材料在应用方面与第三代半导体材料有交叠，主要在功率器件领域有更突出的应用优势。第四代超窄禁带材料的电子容易被激发跃迁、迁移率高，主要应用于红外探测、激光器等领域。

表2.2列出四代半导体材料典型代表的特性对比，虽然化合物半导体材料的性能更为优异，但化合物半导体的技术不如硅半导体技术成熟。本书还是以硅半导体材料为主进行介绍。相信硅半导体技术的快速发展也能够带动未来化合物半导体技术的迅速成长。

表2.2 四代半导体材料特性对比

特性	第一代Si	第二代GaAs	第三代GaN	第四代Ga_2O_3
高频性能	差	好	好	好
高温性能	差	好	好	好
发展阶段	成熟	发展中	发展中	初期
制造成本	低	高	很高	低（与硅基相比）
应用领域	超大规模集成电路与器件	微波集成电路与器件	大功率器件	光电器件与电力电子器件

2.2 半导体材料的晶体结构

2.2.1 晶体结构概述

固体材料中，材料的特性与原子的排列方式密切相关。根据原子、分子或分子团在三维空间中排列的有序程度不同，可以将固体材料分为非晶（无定形）和晶体（多晶、单晶），共三种结构类型。图2.2是这三种类型材料的二维结构示意图。

(a) 非晶体　　　　　　(b) 多晶体　　　　　　(c) 单晶体

图2.2 三种基本类型材料的二维结构示意图

非晶体中的原子或分子的排列方式是杂乱无章的。多晶体材料中存在许多小区域，这个区域被称为晶畴，区域间的交界处就是晶界，每个晶畴里的原子或分子的排列是有序的。单晶体中的原子或分子在整个晶体中的排列都是长程有序的。表2.3是晶体和非晶体异同点的详细对比，其中，物质性质包括光、电、热等性质。

表2.3　晶体和非晶体异同点的详细对比

对比项目	晶体		非晶体
	单晶体	多晶体	
熔点	确定	确定	不确定
几何外形	有规则的几何外形	没有确定的几何外形	没有确定的几何外形
物质性质	各向异性	各向同性	各向同性
转化	晶体和非晶体在一定条件下可以互相转化		

上述三种类型的材料，在器件和集成电路中都有其各自的广泛应用。比如，非晶硅薄膜应用于大面积平面显示膜，多晶硅可用于制作太阳能电池，单晶硅是主流的制作半导体器件和集成电路的材料。

2.2.2　单晶硅的晶体结构

本书讨论的硅材料都是单晶体，硅原子在三维空间的排列具有周期性。如果将一个个硅原子抽象成点即格点，一个格点就代表一个硅原子即基元。这些格点在空间上周期性排列成无数个集合即点阵，基元和点阵的组合就称之为晶格。在晶体中，当原子发生热振动时，原子并不会偏离固定位置太远，会以此为中心做轻微振动。对于半导体单晶材料，通常会用一个单胞或晶胞来代表整个晶格，将此单胞向晶体的三维空间连续延伸，即可产生整个晶格。

根据晶体的宏观对称性，布喇菲（Bravais）在1849年首先推导出14种空间点阵，它们的晶轴关系，也就是晶轴的单位长度及夹角（即单胞参量a、b、c、α、β、γ）间的关系，分别属于立方、四方、三方、六方、正交、单斜、三斜共7个晶系，如表2.4所示。对称性由强到弱的顺序为立方>六方>三方>四方>正交>单斜>三斜。其中，立方晶系的对称性最高，单胞的三个边等长并正交，晶格常数即为边长。下面介绍三种最典型的立方晶体单胞，如图2.3所示。

表2.4　7个晶系

晶系	晶轴的单位长度	晶轴间的夹角
三斜晶系	$a \neq b \neq c$	$\alpha \neq \beta \neq \gamma \neq 90°$
单斜晶系	$a \neq b \neq c$	$\alpha = \gamma = 90° \neq \beta$
斜方（正交）晶系	$a \neq b \neq c$	$\alpha = \beta = \gamma = 90°$
正方（四方）晶系	$a = b \neq c$	$\alpha = \beta = \gamma = 90°$
菱方（三方）晶系	$a = b = c$	$\alpha = \beta = \gamma \neq 90°$
六方晶系	$a = b \neq c$	$\alpha = \beta = 90°$, $\gamma = 120°$
立方晶系	$a = b = c$	$\alpha = \beta = \gamma = 90°$

① 图2.3（a）是一个简单立方晶格。在立方晶格的每一个顶点处都有一个原子，且每个原子都有6个等距的最邻近原子，即配位数为6。在晶体学中，配位数是一个原子周围最邻近的原子个数，可以用来表征晶体中原子的排列的紧密程度。在元素周期表中，只有钋元素（Po）属于这种晶格结构。

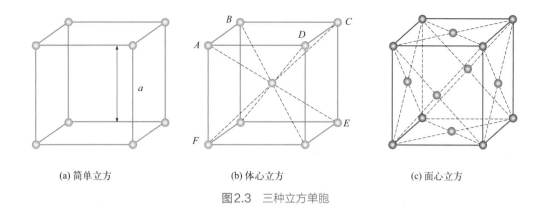

(a) 简单立方　　　　　　　　　(b) 体心立方　　　　　　　　　(c) 面心立方

图2.3　三种立方单胞

② 图2.3（b）是一个体心立方晶格。除了顶点的8个原子外，在单胞中心处还有一个原子，且每个原子都有8个等距的最邻近原子，即配位数为8。锂（Li）、钾（K）、钼（Mo）、钨（W）等属于体心立方晶格。

③ 图2.3（c）是一个面心立方晶格。除了8个顶点的原子外，在6个面中心还有6个原子，配位数为12。铝（Al）、铜（Cu）、金（Au）、银（Ag）、镍（Ni）等属于面心立方晶格。

半导体硅和锗元素位于元素周期表的第Ⅳ族，它们的晶格结构与金刚石结构［图2.4（a）］相同，与图2.3（c）所示类似。与面心立方晶格不同的是，除了8个顶点和6个面中心的原子外，在立方体的四条体对角线上的1/4处各有一个原子，或者金刚石结构可以看作两个相互套构的面心立方副晶格，两个副晶格偏移的距离为立方体对角线的1/4［图2.3（a）中 a 的 $\sqrt{3}/4$；300K时，硅的 $a=5.4305\text{Å}$❶，锗的 $a=5.6463\text{Å}$］。虽然此两个副晶格中的原子在化学结构上相同，但是从晶格观点看却不同，例如图2.4（b）中的一个顶点原子在体对角线上有一个最邻近的原子，而在相反方向却没有。从另一种角度来看，一个金刚石晶格结构的最小重复单元，即原胞可以视为一个正四面体，如图2.5所示，每个原子分别具有位于4个顶角的4个等距的最邻近原子。我们知道，硅原子的最外层有4个价电子，因此，位于正四面体中心的硅原子与每一个顶角处的硅原子各贡献出一个价电子为这两个原子所共有。共有的电子在两个原子核之间形成较大密度的电子云，通过电子云对原子核的吸引力把两个原子紧密结合在一起，形成共价键，在硅单晶中，键与键之间的夹角为109°28′，如图2.5所示。

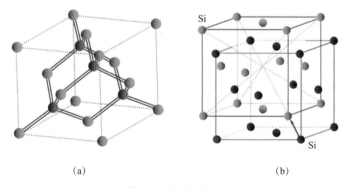

　　　　　　　　（a）　　　　　　　　　　　　　　（b）

图2.4　金刚石结构

---

❶ 1Å = 0.1nm。

大部分的Ⅲ - Ⅴ族化合物半导体（如GaAs）的晶格结构和金刚石结构类似，区别在于两个相互套构的面心立方副晶格的组成原子不同，其中一个副晶格为Ⅲ族原子（如Ga），另一个副晶格为Ⅴ族原子（如As），具有这种特点的晶格结构称为闪锌矿晶格结构，如图2.6所示。

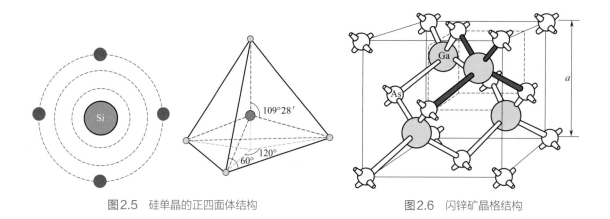

图2.5　硅单晶的正四面体结构　　　　　　　　图2.6　闪锌矿晶格结构

[**例2.1**] 已知，硅在300K时，晶格常数为$a=5.43$Å，请计算出每立方厘米体积中的硅原子个数及硅原子密度。

解：每个单胞中有效原子个数为8，因此每立方厘米体积中的硅原子数为

$$\frac{8}{a^3} = \frac{8}{(5.43 \times 10^{-8})^3} = 5 \times 10^{22}\ cm^{-3}$$

$$密度 = \frac{每立方厘米中的原子数 \times 每摩原子质量}{阿伏伽德罗常数}$$

$$= \frac{5 \times 10^{22} \times 28.09}{6.02 \times 10^{23}} = 2.33 g/cm^3$$

2.2.3　晶向及晶面

在图2.3（b）中的$ABCD$平面上有4个原子，而在$ACEF$平面上有5个原子（4个顶角原子和一个中心原子），很明显，这两个平面的原子空间是不同的。晶体的一个基本特点是各向异性，沿晶格的不同方向晶体的性质不同，且电特性及其他器件特性与晶体方向有着重要的关系。因此在研究晶体的物理性质时，有必要识别和标志晶格中的不同方向。点阵的格点可以分列在一系列平行的直线系上，这些直线系称作晶列。同一点阵可以形成不同的晶列，每一个晶列定义一个方向，称作晶向。由三个以上格点原子组成的任一平面都代表晶体的原子平面，称为晶面。为了便于确定和区别晶体中不同的晶向和晶面，国际上采用米勒（Miller）指数来统一标定晶向和晶面，即晶向指数和晶面指数。

晶向指数的确定步骤如下，见图2.7。

① 以晶胞的某一阵点O为原点，过原点O的晶轴为坐标轴X，Y，Z，以晶胞点阵矢量的长度作为坐标轴的长度单位；

② 过原点O作一直线OP，使其平行于待定晶向AB；

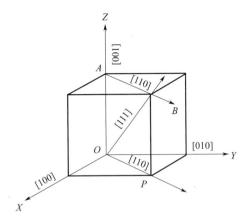

图2.7 晶向指数的确定

③ 在直线 OP 上选取距原点 O 最近的一个阵点 P，确定 P 点的 3 个坐标值；

④ 将这三个坐标值化为最小整数 u、v、w，加以方括号，$[u\,v\,w]$ 即为待定晶列的晶向指数。

晶面指数标定步骤如下：

① 在点阵中设定参考坐标系，设置方法与确定晶向指数时相同；

② 求得待定晶面在三个晶轴上的截距，若该晶面与某轴平行，则在此轴上截距为无穷大；若该晶面与某轴负方向相截，则在此轴上截距为一负值；

③ 取各截距的倒数；

④ 将三个倒数化为互质的整数 h、k、l，并加上圆括号，即表示该晶面的指数，记为 $(h\,k\,l)$。

[**例2.2**] 如图2.8所示平面在沿着三个坐标轴的方向有三个截距 a、$3a$、$2a$，则这个面用米勒指数如何表示？

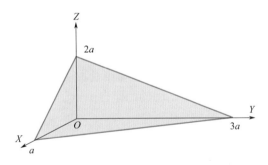

图2.8 晶面指数的确定

解：平面在沿着三个坐标轴方向的三个截距的倒数分别为 $1/a$、$1/3a$ 和 $1/2a$。它们的最简单整数比为 $6:2:3$（每个分数乘 $6a$ 所得）。因此这个平面可以表示为 $(6\,2\,3)$ 平面。

在立方晶体中，一些比较重要的晶面的米勒指数，如图2.9所示。

关于晶向指数和晶面指数的一些说明：

① $(\bar{h}\,k\,l)$ 代表在 x 轴上的截距为负数的平面。米勒指数可正可负，当晶面在晶轴的正方向相截时，截距系数为正，在负方向相截时，截距系数为负，如 $(\bar{1}00)$。同理，确定晶向的坐标值也可为负。

② $<u\,v\,w>$ 代表等效方向的所有方向族。晶体中因对称关系而等同的各组晶向可归为一个晶向族，它们的性质是完全相同的。对于立方晶系，$<100>$ 代表 $[100]$，$[010]$，$[001]$，

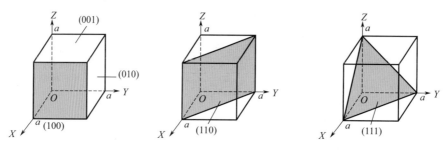

图2.9 立方晶体中一些重要平面的米勒指数

[$\overline{1}$00]，[0$\overline{1}$0]，[00$\overline{1}$]六个等效方向的族群，体现了立方晶系的旋转对称性。

③ {$h\,k\,l$}代表相对称的平面群。在晶体内凡晶面间距和晶面上原子的分布完全相同，只是空间位向不同的晶面都可以归并为同一晶面族。在立方对称平面中，{100}代表（100）、（010）、（001）、（$\overline{1}$00）、（0$\overline{1}$0）、（00$\overline{1}$）六个等效晶面。

④ 在立方晶系中，具有相同指数的晶向和晶面是相互垂直的，即[$u\,v\,w$]垂直于（$h\,k\,l$）。例如：[100]垂直于（100），[110]垂直于（110）等。但是，此关系不适用于其他晶系。

2.3 本征半导体

本征半导体是指完全纯净的、具有晶体结构的半导体。在硅和锗半导体晶体中，每个原子与其相邻的原子之间形成共价键，共用一对价电子（最外层电子）。共价键有很强的结合力，使原子规则排列，形成晶体，如图2.10所示，图中标有"+4"的圆圈表示除价电子外的正离子。

在室温下，本征半导体中的价电子由于热运动（热激发）获得足够的能量，从而挣脱共价键的束缚变成自由电子。与此同时，在共价键中留下一个空位置，此空缺可由邻近的一个电子填满，从而产生空缺位置的移动，并可被看作与电子运动方向相反的正电荷，称为空穴。在本征半导体中，自由电子与空穴是成对出现的，即自由电子与空穴数目相等，如图2.11所示。

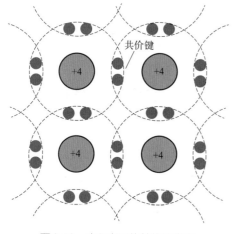

图2.10 本征半导体结构示意图

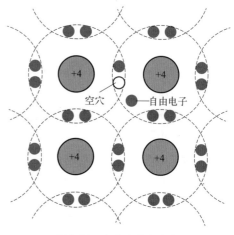

图2.11 自由电子和空穴

在本征半导体中，产生电子-空穴对的现象称为本征激发。但是，晶体中的共价键具有很强的结合力，因此，在常温下，仅有极少数的价电子发生激发。

这样，若在本征半导体两端外加一电场，则一方面自由电子将产生定向移动，形成电子电流；另一方面由于空穴的存在，价电子将按一定的方向依次填补空穴，也就是说空穴也产生定向移动，形成空穴电流。由于自由电子和空穴所带电荷极性不同，所以它们的运动方向相反，本征半导体中的电流是两个电流之和。空穴的概念类似液体中的气泡，虽然实际上是液体的移动，但可简单看成气泡在反方向上的移动。运载电荷的粒子统称为载流子。导体导电只有一种载流子，即自由电子导电；而本征半导体有两种载流子，即自由电子和空穴均参与导电，这是半导体导电的特殊性质。

2.4 能级及能带

2.4.1 量子态和孤立原子的能级

原子的太阳系模型是20世纪初由著名物理学家欧尼斯特·卢瑟福创立的，带正电的原子核像太阳，带负电的电子像围绕着太阳运转的行星，电子受原子核束缚，在不同轨道上（电子壳层）绕核运动，无法离开。随着量子力学的发展，科学家们认识到粒子具有波粒二象性，不同于一般的经典力学，电子的微观运动遵循量子力学规律，需要用统计规律来描述载流子的运动，电子以某种概率在某一个位置运动，其基本的运动包含以下两种形式：

① 电子做稳恒运动，具有完全确定的能量。这种稳恒运动状态称为量子态，而且同一个量子态上只有一个电子。

② 在一定条件下（温度、电场、光照等），电子可以从一个量子态突变到另一个量子态，这种变化称为跃迁。

量子态的能量通常用能级表示。对于一个孤立原子而言，电子的能级是分离的。以孤立氢原子的玻尔能级 E_H 模型为例：

$$E_H = -\frac{m_0 q^4}{8\varepsilon_0^2 h^2 n^2} = -\frac{13.6}{n^2}\text{eV} \tag{2.1}$$

式中，m_0 是自由电子的质量；q 是电荷量；ε_0 是真空介电常数（Free-space permittivity）；h 是普朗克常数（Planck constant）；n 是正整数，称为主量子数。

最底层能级（$n=1$）的能量为 -13.6eV，第二层（$n=2$）的能量为 -3.4eV，以此类推。

我们先来考虑两个相同原子：当彼此距离很远时，单个原子中的电子分别在各自的电子轨道上做圆周运动，形成所谓的电子壳层，不同壳层的电子分别用1s、2s、2p、3s、3p、3d、4s……表示，每一个壳层对应于确定的能量。对同一个主量子数而言，两个原子具有相同的能量，即能级为双重简并，如图2.12（a）所示；当原子之间的距离很小时，一个原子中的外层电子不仅受到这个原子的作用，还将受到相邻原子的作用，各电子壳层之间发生交叠，电子不再局限于某一个原子上，因而电子可以在晶体中运动，这种运动称为电子的共有化运动，如图2.13所示，即它与相邻原子中电子的量子态将发生一定程度的相互交叠，双重

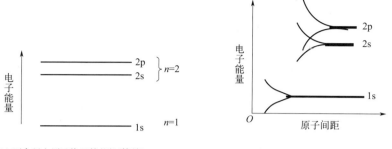

(a) 两个孤立原子体系的能级(简并)　　　　　(b) 两个相互靠近的原子体系能级(分裂)

图2.12　能级简并与分裂

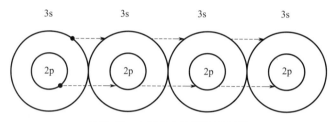

图2.13　电子共有化运动示意图

简并能级一分为二，两个原子靠得越近，分裂得越厉害，如图2.12（b）所示。因为各原子中只有相似壳层上的电子才具有相同的能量，所以电子只能在相似壳层之间转移，而且内外壳层交叠程度很不相同，只有最外层电子的共有化运动才显著。

2.4.2　能带的形成

每立方厘米的晶体中约有 10^{23} 数量级的原子，这是一个很大的数值。当 N 个原子相距很远尚未结合成晶体时，每个原子的能级都和孤立原子一样，具有相同的能量，能级是 N 度简并的（不计原子本身的简并），也就是说，这 N 个能级上的电子都具有相同的能量。当 N 个原子互相靠近结合成晶体后，每个电子都要受到周围原子势场的作用，结果每一个 N 度简并的能级都分裂成 N 个彼此相距很近的能级，这 N 个能级（准连续，可延伸几个电子伏）就组成了一个能带。能带中的电子不再属于某一个原子，而是在晶体中做共有化运动。能级分裂成的能带称为允带，允带之间称为禁带，如图2.14所示。内壳层电子的轨道交叠很浅，共有

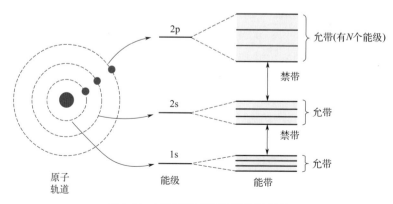

图2.14　原子能级分裂为能带示意图

化运动很弱，能级分裂得很小，能带很窄。外壳层电子轨道交叠很深，共有化运动显著，能级分裂得很厉害，能带较宽。

半导体中实际能带的分裂更为复杂。能带所包含的能级数与孤立原子的简并度有关。不考虑电子的自旋，s能级没有简并，而p能级是三度简并的，d能级是五度简并的。所以，当N个原子结合成晶体后，s能级就分裂成N个十分靠近的能级，形成的能带中共包含N个共有化运动状态，而p能级则分裂成$3N$个十分靠近的能级，形成的能带中共包含$3N$个共有化运动状态，以此类推。如果考虑电子的自旋，相应能级分裂个数为2倍。

图2.15（a）为拥有14个电子的孤立硅原子，其中，10个都处于靠近核的深层能级；其余4个价电子受原子核的束缚相当微弱，通常参与化学作用。所以只考虑$n=3$主能级上的价电子，其中每个原子的3s次能级有2个允许的量子态，在$T=0K$时将有2个价电子；而3p次能级有6个允许的量子态，对个别硅原子而言，该次能级拥有剩下的2个价电子。当原子与原子间的距离缩短时，图2.15（b），N个硅原子的3s及3p将彼此交互作用及重叠。在平衡状态下的原子间距为晶格常数a时，能带将再度分裂，使得N个原子在较低能带有$4N$个量子态，而在较高能带也有$4N$个量子态。按照泡利不相容原理，在绝对零度时，电子占据最低能级，因此在较低能带（即价带）的所有能级将被电子填满，而在较高能带（即导带）的

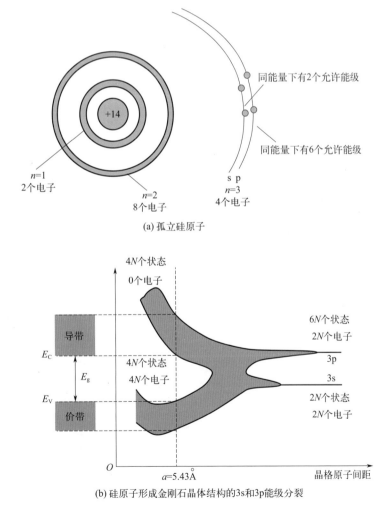

(a) 孤立硅原子

(b) 硅原子形成金刚石晶体结构的3s和3p能级分裂

图2.15 孤立硅原子及能级分裂的图示

所有能级将没有电子。这里要特别说明，分离之后的价带和导带，与最初的3s和3p次能级，不是完全对应的。

其中，导带的底部称为E_C，价带的顶部称为E_v，两者之间的能量禁区（E_C-E_v）称为禁带宽度E_g。在物理意义上，E_g代表半导体价带中的电子摆脱共价键的束缚，变成自由电子，并将此自由电子送到导带，而在价带中留下一个空穴所需的能量，这也就是量子跃迁的过程。半导体中导电的电子就是指处于导带中的自由电子，而原来填满的价带中出现的空位置（空量子态）则代表导电的空穴。

2.4.3　固体材料的能带

根据电子对能带填充程度的不同，可以把能带分为满带、部分填满的能带和空带。如果某个能带中所有的量子态都被电子占据了，这个能带称为满带；如果只有部分量子态被电子占据，称为部分填满的能带；如果所有量子态都没有被电子占据，则称为空带。按照前面所述，固体材料分为三大类，每种材料都有其特定的能带结构。能带结构以及电子在能带中的分布情况与材料的物理性质密切相关。导体、半导体和绝缘体导电能力的差异就是由于它们的能带结构以及电子占据能带的状况不同，如图2.16所示。

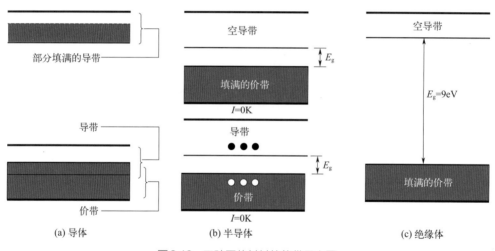

图2.16　三种固体材料的能带示意图

我们知道，晶体中的电子在热平衡状态下（无外界干扰）发生共有化运动，但热运动方向是随机的，并不能形成电流。我们先来思考一个问题：如何使得电子从一个量子态转到另一个量子态，即发生跃迁？需要满足两个必要条件：①必须有外界作用使得电子运动状态改变；②高的能级必须有空的，以接受低能级跃迁的电子。当施加电场，跃迁的自由电子在电场的作用下将发生定向运动，并形成与电子运动方向相反的电流。

对于金属这样的良导体，其能带与半导体和绝缘体有本质的区别。其导带不是部分填满［图2.16（a）图上，如铜（Cu）］，就是与价带重叠［图2.16（a）图下，如锌（Zn）或铅（Pb）］，所以根本没有禁带存在。显然，金属的价电子处于部分填满的能带，价电子上面的能级是空的，即满足条件②。而且能带中相邻的能级的间隔很近，价电子只需要很小的能量（如电场），即条件①，实现跃迁。所以，金属中的电子可以在电场的作用下改变运动状态，产生定向运动并形成电流。

半导体和绝缘体在绝对零度（0K）时，导带和导带以上的能带都是空带，价带以及价带以下的能带都是满带，因此，它们都没有导电性，如图2.16（b）上部和图2.16（c）。但在一定温度（如室温300K）下，由于热运动，价带顶的部分电子会以一定概率获得足够高的能量跃迁到导带，导带和价带成为部分填满的能带，在电场下，自由电子就能够传导电流。温度一定时，有多少价带电子被激发到导带，主要取决于禁带宽度E_g的不同（如半导体硅的禁带宽度约为1eV，绝缘体金刚石的禁带宽度约为6～7eV）。显然，对于半导体，有些电子可以从价带激发到导带。因为导带中有许多未被占据的能态，故只要小量的外加能量就可以轻易移动这些电子，产生可观的电流，如图2.16（b）下部。对于绝缘体，即E_g很大时，激发所需的能量很大，被激发的电子个数很少，因此导电能力很弱。

2.5 本征载流子浓度

在本征半导体中，自由电子如果与空穴相遇就会填补空穴，使两者同时消失，这种现象称为复合。在一定温度下，本征激发所产生的自由电子和空穴对，与复合的自由电子和空穴对数目相等，因此会达到动态平衡的状态。或者说，在一定温度下，本征半导体中的载流子浓度是一定的，而且自由电子和空穴的浓度是相等的。当温度升高，载流子的热运动加剧，挣脱共价键束缚的自由电子会增多，空穴同等增多，故半导体的导电性能变强。这也是半导体电子器件的许多特性会随温度变化的原因之一。

我们可以求得在热平衡状态下的载流子浓度。在"连续"的能带中，显然在不同的能级，电子的能量是不同的，电子自低向高依次占据能量空间，优先占据低能量空间，研究发现，电子在能量空间的占据概率满足一定的分布规律，称为费米分布$F(E)$函数［式（2.2）］，其中电子占据概率为1/2的能级称为费米能级E_F。在同一能级上的粒子具有相同的能量但可以有不同的动量，视为不同的状态，该状态的密度称为状态密度$N(E)$。根据能量-动量（E-p）关系，可以得出该状态密度函数。由$N(E) \times F(E)$，可得出占据该能级的电子个数$n(E)$，对导带中的能级积分即可得到参与导电的电子浓度n，如式（2.3）：

$$F(E) = \frac{1}{1 + \exp\left(\dfrac{E - E_F}{kT}\right)} \tag{2.2}$$

$$n = \int\limits_0^{E_{top}} n(E)\,dE = \int\limits_0^{E_{top}} N(E)F(E)\,dE \tag{2.3}$$

式中，k是玻尔兹曼常数；T是绝对温度，单位是K。kT常温（300K）下为0.026eV。在能量高于或低于费米能级$3kT$时，费米分布函数可以近似转换成下列公式：

$$F(E) = \exp\left(-\frac{E - E_F}{kT}\right), \quad (E - E_F) > 3kT \tag{2.4}$$

$$F(E) = 1 - \exp\left(-\frac{E_F - E}{kT}\right), \quad (E - E_F) < 3kT \tag{2.5}$$

F（E）表示能量为E的量子态被电子占据的概率，因而$1-F$（E）就是能量为E的量子态不被电子占据的概率，即量子态被空穴占据的概率。以上统称为玻尔兹曼分布。通常将可以用玻尔兹曼分布描述的系统称为非简并系统，而必须用费米分布描述的系统称为简并系统。

图2.17由（a）至（d）分别是半导体的能带图、状态密度N（E）、费米分布函数F（E）及本征半导体中的电子和空穴浓度。

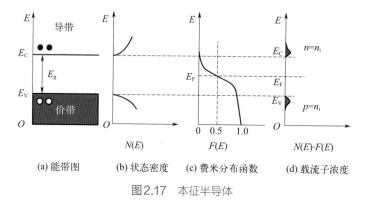

(a) 能带图 (b) 状态密度 (c) 费米分布函数 (d) 载流子浓度

图2.17 本征半导体

图2.17（b）中的N（E）与图2.17（c）中的F（E）相乘即可得到电子的浓度n（E）[图2.17（d）上下阴影分别为本征半导体中的电子和空穴的电子浓度]。由此经一系列公式推导得到电子浓度n为：

$$n = N_C \exp\left(-\frac{E_C - E_F}{kT}\right) \tag{2.6}$$

同理，在价带中的空穴浓度p为：

$$p = N_V \exp\left(-\frac{E_F - E_V}{kT}\right) \tag{2.7}$$

从图2.17（d）中明显看出，导带中电子大多数在导带底附近，而价带中空穴大多数在价带顶附近。其中，N_C、N_V分别是导带底和价带顶附近的有效状态密度，在室温（300K）下，对硅而言，N_C是$2.86 \times 10^{19} \text{cm}^{-3}$，$N_V$是$2.66 \times 10^{19} \text{cm}^{-3}$；对砷化镓则为$4.7 \times 10^{17} \text{cm}^{-3}$和$7.0 \times 10^{18} \text{cm}^{-3}$。

从图2.17（d）中明显看出，导带与价带中的阴影面积是相同的。对本征半导体而言，导带中每单位体积的电子数与价带中每单位体积的空穴数相同，即浓度相同，称为本征载流子浓度，可表示为$n = p = n_i$。因此由式（2.6）、（2.7）可以得到：

$$np = n_i^2 \tag{2.8}$$

$$n_i^2 = N_C N_V \exp\left(\frac{-E_g}{kT}\right) \rightarrow n_i = \sqrt{N_C N_V} \exp\left(\frac{-E_g}{2kT}\right) \tag{2.9}$$

$$n = N_C \exp\left(-\frac{E_C - E_F}{kT}\right) = p = N_V \exp\left(-\frac{E_F - E_V}{kT}\right) \tag{2.10}$$

$$E_F = E_i = \frac{E_C + E_V}{2} + \frac{kT}{2}\ln\left(\frac{N_V}{N_C}\right) \tag{2.11}$$

其中，$E_g \equiv E_C - E_V$。在室温下，式（2.11）第二项比禁带宽度小得多。因此，本征半导体的本征费米能级 E_i 相当于靠近禁带的中央。室温时，硅的 n_i 为 $9.65 \times 10^9 \mathrm{cm}^{-3}$，砷化镓的 n_i 为 $2.25 \times 10^6 \mathrm{cm}^{-3}$。图2.18给出了硅及砷化镓的 n_i 相对温度的变化情形。正如所预期的，禁带宽度越大 $[E_g(\mathrm{Si}) < E_g(\mathrm{GaAs})]$，本征载流子浓度越小。

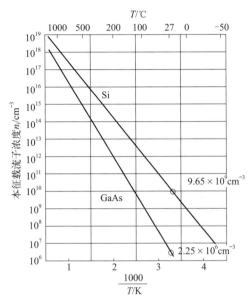

图2.18　硅和砷化镓的 n_i 和 $1/T$ 的关系

2.6　杂质半导体及载流子浓度

"水至清则无鱼，人至察则无徒"（班固《汉书·东方朔传》），半导体至纯则难用。半导体的实用价值在于其物理性质对杂质和缺陷的灵敏依赖性，因而要通过杂质和缺陷的可控调节来实现。

本征半导体的载流子浓度很低，如300K时，硅的本征载流子浓度为 $9.65 \times 10^9 \mathrm{cm}^{-3}$；因此电阻率较高，导电性很差。但是本征半导体是一种有趣的材料，在制作器件时往往掺入少量、定量的特定杂质原子后，就可以改变它的电化学性能，它是制造各种半导体器件的基础。当本征半导体被掺入杂质时，本征半导体会变成非本征的，而且引入杂质能级。杂质和缺陷的存在，会使严格按周期排列的原子所产生的周期性势场受到破坏，有可能在禁带中引入允许电子存在的能量状态（即能级），从而对半导体的性质产生决定性的影响。掺有杂质的半导体称为杂质半导体。根据对载流子浓度的影响的不同，杂质可分为施主杂质和受主杂质两类，也可分为浅能级杂质和深能级杂质。

2.6.1　杂质半导体

■　（1）N型半导体与施主杂质

如果在硅晶体中掺入一定浓度的ⅤA族元素砷（As），砷原子进入硅晶体后会占据硅原子的位置，如图2.19（a）所示。V族的砷原子有5个价电子，替代硅原子后，其中的4个价电子会与4个邻近的硅原子形成共价键，还剩余一个价电子。砷原子对剩余的这个价电子的束缚能力较弱（比共价键的束缚作用弱得多），它只需获得较小的能量（如适当温度）就可以脱离砷原子的束缚，成为可以传导电流的自由电子。通常我们说此电子被施给了导带，像砷这样，可以向半导体提供准自由电子的杂质称为施主杂质。常用施主杂质除了砷以外，还有P和Sb等。带负电的载流子电子增加，使导带中的导电电子增多（电子浓度大于空穴浓度），增强了半导体的导电能力，硅成为主要依靠电子导电的半导体材料，多子是电子，少子是空穴，变成N（negative）型。电子脱离施主杂质原子束缚的过程称为施主杂质电离。施主杂质电离后成为一个带正电荷的离子，称为电离杂质（电离施主），施主电离能用 ΔE_D 表示，由于施主杂质相对较少，杂质原子间的相互作用可以忽略，所以施主能级可以看作是一些具有相同能量的孤立能级，而且由于杂质原子对多余的电子的束缚能很小，所以施主能级靠近导带底，如图2.19（b）所示。

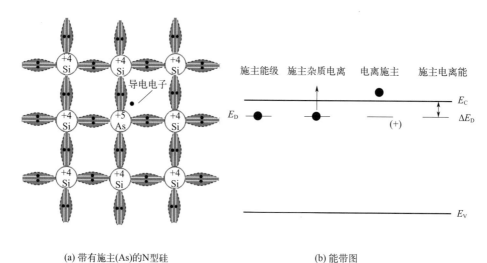

(a) 带有施主(As)的N型硅　　　　　　　　(b) 能带图

图2.19　施主杂质

■ （2）P型半导体与受主杂质

如果在硅晶体中掺入ⅢA族元素硼（B），硼原子进入硅晶体后会占据硅原子的位置，如图2.20（a）所示。硼有三个价电子，每个硼原子与周围邻近的4个硅原子形成共价键时还缺少一个电子，即出现一个空的量子态，在一定温度下很容易从别处的硅原子中夺取一个价电子填补空位，于是在硅晶体的共价键中产生了一个空穴。与掺入砷原子的情况类似，当掺杂浓度不是很高时，这些空的量子态是分布在杂质周围的局域化的量子态，即受主能级，而且受主能级略高于价带顶，如图2.20（b）所示。像硼这样，可以向半导体提供空穴的杂质（接受价电子）称为受主杂质，常见的受主杂质还有Al、Ga和In等。带正电的载流子（空穴）增加，使价带中的导电空穴增多，增强了半导体的导电能力，硅成为主要依靠空穴导电的半导体材料，多子是空穴，少子是电子，变成P（positive）型。上述过程就是受主杂质电离的过程，受主杂质电离所需的能量 ΔE_A 称为受主电离能。受主杂质电离的过程可以理解为硼原子俘获价带电子的过程，俘获了一个价带电子后，硼原子成为带一个负电荷的硼离子，称为电离受主。

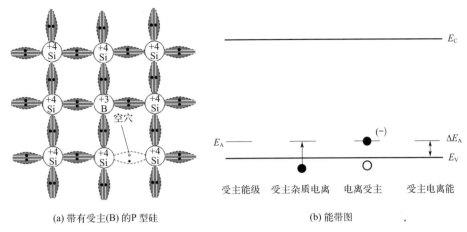

(a) 带有受主(B)的P型硅　　　　　　　　(b) 能带图

图2.20　受主杂质

当半导体掺有施主或受主杂质时，会在禁带内引入杂质能级。施主杂质引入施主能级，若能级被电子占据时呈中性，不被电子占据时带正电；反过来，对于受主能级，能级不被电子占据时呈中性，被电子占据时带负电。对于上述普通的施主和受主杂质，氢原子能级模型能够有效地估算出电离能的数量级。此模型可用来大致推算浅能级杂质的电离能，但对于深能级杂质的电离能无法精确地解释。

图2.21（a）、（b）分别给出了室温下，对含不同杂质的硅和砷化镓所推算的电离能大

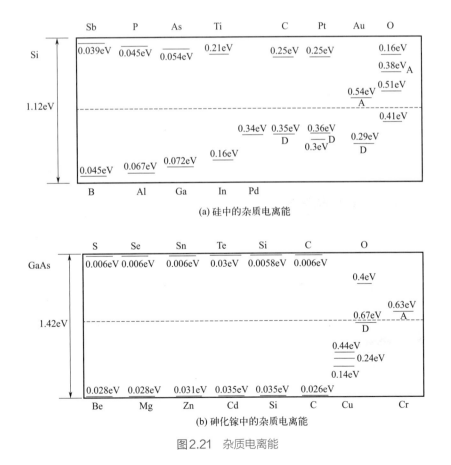

(a) 硅中的杂质电离能

(b) 砷化镓中的杂质电离能

图2.21　杂质电离能

小。在这两个图中，禁带中线以上的能级注明低于导带底的能量，且除了标识A的受主能级外，都为施主能级；在禁带中线以下的能级注明高于价带顶的能量，且除了标识D的施主能级外，都为受主能级。从这两个图中可以看到，非ⅢA、ⅤA族杂质在硅、砷化镓中产生的能级有以下两个特点：

① 非ⅢA、ⅤA族杂质在硅、砷化镓的禁带中产生的施主能级距离导带底较远，它们产生的受主能级距离价带顶也较远，通常称这种能级为深能级，相应的杂质称为深能级杂质。

② 这些深能级杂质能够产生多次电离，每一次电离相应地引入一个能级。因此，这些杂质在硅、锗的禁带中往往引入若干个能级。而且，有的杂质既能引入施主能级，又能引入受主能级。例如，氧在硅的禁带中形成两个施主能级和两个受主能级。

2.6.2 杂质半导体载流子浓度

半导体中的杂质浓度是指半导体中单位体积内所掺有的杂质原子总数。在$T=300K$室温下，本征半导体硅的原子浓度约为$4.96 \times 10^{22} cm^{-3}$，杂质浓度一般为$10^{13} \sim 10^{20} cm^{-3}$，两者相差几个数量级。所以杂质原子的数量在基质原子中所占的比例是一个非常小的数值。尽管所占比例很小，但杂质原子对半导体的导电性能影响很大。

由图2.21可知，一般的浅能级杂质在硅或砷化镓中的电离能很小，如磷（P）在硅晶体中的电离能ΔE_D约为0.045eV，所以室温下即有足够的热能使得所有的杂质原子都会被电离，可以近似地认为掺入的每一个施主杂质原子都会提供一个电子，当掺入浓度为N_D的施主杂质以后，在完全电离的情况下，热平衡状态下的电子浓度近似为：

$$n_0 \approx N_D \tag{2.12}$$

图2.22（a）显示了完全电离的情形。由式（2.5）及式（2.11），可以得到费米能级为状态密度N_C和施主浓度N_D的函数：

$$E_C - E_F = kT \ln\left(\frac{N_C}{N_D}\right) \tag{2.13}$$

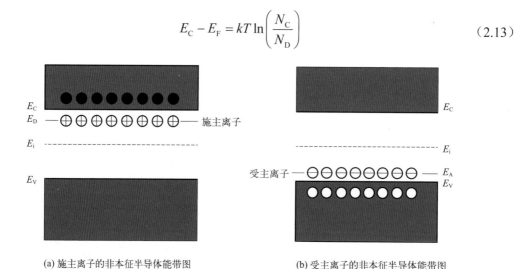

(a) 施主离子的非本征半导体能带图　　　　(b) 受主离子的非本征半导体能带图

图2.22　杂质在半导体中的能带示意图

与掺入施主杂质的情况类似，热平衡状态下，掺有浓度为N_A的受主杂质的半导体中，图2.22（b）显示了完全电离的情形，空穴浓度近似为：

$$p_0 \approx N_A \tag{2.14}$$

由式（2.5）及式（2.13），可以得到费米能级为状态密度 N_V 和施主浓度 N_A 的函数：

$$E_F - E_V = kT \ln\left(\frac{N_V}{N_A}\right) \tag{2.15}$$

n_0 和 p_0 中下标"0"常代表平衡状态下载流子的浓度。由式（2.12）和式（2.14）可知，导带的电子浓度 n_0 和价带的空穴浓度 p_0 分别是 N_D 和 N_A 的函数。而且，当 N_D 越大，能量差 $E_C - E_F$ 越小，即费米能级往导带底部靠近；同样地，当 N_A 越大，费米能级往价带顶部靠近。

因为 E_i 常被用作讨论非本征半导体时的参考能级，所以以本征载流子浓度 n_i 及本征费米能级 E_i 来表示电子和空穴浓度是非常有用的，由式（2.6）和（2.7）可以得到平衡状态下的载流子浓度：

$$n_0 = N_C \exp\left(-\frac{E_C - E_F}{kT}\right) = N_C \exp\left(-\frac{E_C - E_i}{kT}\right)\exp\left(\frac{E_F - E_i}{kT}\right) \tag{2.16}$$

$$p_0 = N_V \exp\left(-\frac{E_F - E_V}{kT}\right) = N_V \exp\left(-\frac{E_i - E_V}{kT}\right)\exp\left(\frac{E_i - E_F}{kT}\right) \tag{2.17}$$

即：

$$n_0 = n_i \exp\left(\frac{E_F - E_i}{kT}\right) \tag{2.18}$$

$$p_0 = n_i \exp\left(\frac{E_i - E_F}{kT}\right) \tag{2.19}$$

由式（2.18）和式（2.19）可以得到一个重要的关系，即 n_0 和 p_0 的乘积等于 n_i^2。此结论与本征半导体中载流子浓度满足的式（2.8）一致。式（2.8）称为质量作用定律，在热平衡状态下，对于本征和非本征半导体都适用。虽然这个公式简单，但是它是基于玻尔兹曼分布得到的。如果玻尔兹曼近似不成立的话，那么式（2.8）也就不成立。

式（2.18）和式（2.19）是计算热平衡状态下的载流子浓度的常用公式，其中 E_F 是电子统计规律的一个基本概念，它不是能带中电子的一个真实能级，其大小反映了半导体中电子填充能带水平的高低。在一些实际问题中，费米能级的应用主要是说明 E_F 以下的能级基本上是被电子填满的，而 E_F 以上的能级基本上是空的。在半导体能带图中，常常用费米能级判断该半导体是 N 型半导体还是 P 型半导体。图2.23给出了从重掺杂 N 型半导体到重掺杂 P 型半导体，5 种不同掺杂情况下费米能级的位置：图（c）中本征半导体的费米能级 E_i 基本位

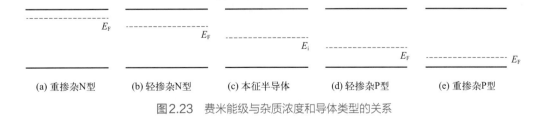

图2.23　费米能级与杂质浓度和导体类型的关系

于禁带中央，这种情况下，价带基本填满，导带基本是空的；图2.23（a）、（b）中N型半导体的费米能级均在E_i的上方，而重掺杂N型半导体的费米能级又高于轻掺杂N型半导体的费米能级；图2.23（d）、（e）中P型半导体的费米能级均低于E_i，而重掺杂的P型半导体，其费米能级又低于轻掺杂P型半导体的费米能级。

图2.23表明，从重掺杂N型到重掺杂P型，电子填充能级的水平是逐渐下降的，所以其费米能级也逐步降低。从另一角度来看，低掺杂半导体中载流子统计分布通常遵循玻尔兹曼统计分布，这种电子系统称为非简并系统。高掺杂半导体，载流子服从费米统计，这样的电子系统称为简并系统。

[**例2.3**] 一硅晶掺入每立方厘米10^{16}个砷原子，求室温（300K）下的载流子浓度与费米能级。

解：在300K时，假设杂质原子完全电离，可得到：

$$n_0 \approx N_D = 10^{16} \text{cm}^{-3}$$

室温时，硅的n_i为$9.65 \times 10^9 \text{cm}^{-3}$，由式（2.8）得：

$$p_0 \approx \frac{n_i^2}{N_D} = \frac{\left(9.65 \times 10^9\right)^2}{10^{16}} = 9.3 \times 10^3 \text{cm}^{-3}$$

从导带底算起的费米能级可由式（2.13）得：

$$E_E - E_F = kT \ln\left(\frac{N_C}{N_D}\right) = 0.026 \ln\left(\frac{2.86 \times 10^{19}}{10^{16}}\right) = 0.205 \text{eV}$$

从本征费米能级算起的费米能级可由式（2.18）得：

$$E_F - E_i = kT \ln\frac{n_0}{n_i} \approx kT \ln\frac{N_D}{n_i} = 0.026 \ln\left(\frac{10^{16}}{9.65 \times 10^9}\right) = 0.358 \text{eV}$$

将费米能级的位置描绘在图2.24中：

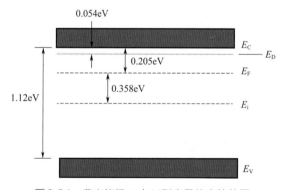

图2.24　费米能级E_F在N型半导体中的位置

2.6.3　杂质补偿

在热平衡状态下，半导体处于电中性状态。电中性状态是指在半导体内部正、负电荷总保持相等，净电荷密度为零。在实际器件制作过程中，往往会存在同一个区域内既掺有施主杂质又掺有受主杂质的情况，称为混合杂质。那么它是N型半导体还是P型半导体？载流子浓度又是多少？我们可以从能带的角度来分析这两个问题。当半导体中同时掺入施主杂质和受主杂质时，禁带中既有施主杂质能级，又有受主杂质能级。当所有杂质都没有被电离时，施主杂质能级完全被电子占据，而受主杂质能级全都没有被电子占据，为了降低系统能量，施主杂质能级上的电子会首先占据受主杂质能级，剩余的部分才向半导体提供自由电子或空穴。这种施主杂质和受主杂质间的相互作用称为杂质补偿作用。掺有混合杂质后的半导体，称为补偿半导体。

假设施主和受主杂质全部电离时，分情况讨论杂质的补偿作用，如图2.25所示。

① 在本征半导体掺入的混合杂质中 $N_D > N_A \gg n_i$，图2.25（a）。

对于常见的施主和受主杂质（如B、P、As等），因为受主能级一般低于施主能级，所以施主杂质的电子首先跃迁到受主能级上，填满 N_A 个受主能级，还剩 $(N_D - N_A)$ 个电子在施主能级上，在杂质全部电离的条件下，它们跃迁到导带中成为导电电子，这时，$n_0 \approx N_D - N_A$，即形成了N型补偿半导体，空穴浓度为：

$$p_0 = \frac{n_i^2}{n_0} \approx \frac{n_i^2}{N_D - N_A} \qquad (2.20)$$

② 在本征半导体掺入的混合杂质中 $N_A > N_D \gg n_i$，图2.25（b）。

施主能级上的全部电子跃迁到受主能级上后，受主能级还有 $(N_A - N_D)$ 个空穴，它们可以跃迁到价带成为导电空穴，所以，$p_0 \approx N_A - N_D$，就形成了P型补偿半导体，电子浓度为：

$$n_0 = \frac{n_i^2}{p_0} \approx \frac{n_i^2}{N_A - N_D} \qquad (2.21)$$

③ 在本征半导体掺入的混合杂质中 $N_A = N_D$。

当 $N_A = N_D$ 时，就形成了完全补偿半导体，它具有本征半导体特征（$n = p = n_i$），但它属于杂质半导体。这种材料容易被误认为是高纯度的半导体，实际上却含有很多杂质，性能很差。利用杂质补偿的作用，就可以根据需要用扩散或离子注入等掺杂方法来改变半导体中某一区域的导电类型，以制备各种器件。电离杂质除了向半导体提供载流子外，还会影响载流子的输运，在这点上，是不需要考虑补偿作用的，因为所有的电离杂质都会对载流子的输运产生影响，这个问题在本章后续小节中有所介绍。

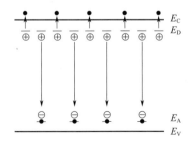

(a) N型补偿半导体　　　　　　　　　(b) P型补偿半导体

图2.25　杂质补偿示意图

2.7 载流子的输运现象

上一节讨论了半导体中的载流子浓度，那这些电子和空穴是如何在半导体中运动的呢？在半导体中，载流子的净流动会产生电流，它是最终确定半导体器件电流－电压特性的基础。把载流子的运动过程称为输运，有两种最基本的输运机制：漂移运动和扩散运动，它们都属于定向运动。本节将讨论载流子的这两种输运机制以及其他运动形式。

2.7.1 热运动

在热平衡状态下，例如一个均匀掺有 N_D 浓度杂质的 N 型半导体，会使得导带中增加约 N_D 个准自由电子。虽然这些自由电子并不被施主杂质或者晶格束缚，但是与完全自由电子的运动是截然不同的。因为在晶体中，这些自由电子会与晶格原子、杂质原子和缺陷之间存在相互作用，即载流子的散射。

假设晶体中的自由电子处于晶格形成的严格周期性势场中，那么处于某状态下的电子将一直处于这个状态下，它的运动速度和方向都保持不变。但是在实际的晶体中，晶格总是不停地在平衡位置处做热振动，而且晶体中还会存在各种杂质和缺陷，这些都会在严格的周期性势场上叠加微扰势。这些附加的微扰势可以导致在晶体中传播的电子波的散射。散射会改变电子的运动状态，不断的散射使电子的运动状态不断发生改变。所以半导体中的载流子不是静止不动的，它总是做着无规则、杂乱无章的热运动，如图2.26所示。热运动在宏观上并没有沿一定方向，所以仅做热运动的载流子不会形成电流。在室温下，自由电子的平均热运动速度（v_{th}）在硅和砷化镓中约为 10^7cm/s。散射是随机的，相邻两次散射间的平均距离称为平均自由程（mean free path），两次散射间的平均时间间隔称为平均自由时间（mean free time），即弛豫时间。

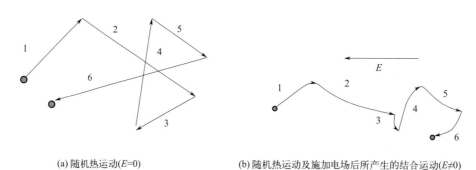

(a) 随机热运动($E=0$)　　　　　　(b) 随机热运动及施加电场后所产生的结合运动($E \neq 0$)

图2.26　半导体中一个电子的运动路径示意图

2.7.2 漂移运动

2.7.2.1 漂移运动和迁移率

当半导体中有电场 E 的作用时，载流子除了做无规则热运动外，还会在该电场下受到一个 $-qE$ 的作用力，即电子沿着电场的反方向做定向运动，称为漂移运动。图2.26（b）画出了随机热运动及施加电场后所产生的结合运动。值得注意的是，电子的净位移与施加的电场方向相反。一个完全自由的电子在恒定电场作用下，会不断被加速。然而，在晶体中的自由电子会与晶格原子、电离杂质原子和缺陷之间发生碰撞，引发散射，电子也仅在两次散射之间被电场加速，经过散射后又会失去获得的附加速度。所以，在散射以及电场的共同作用下，载流子会以一定的平均速度沿电场反方向漂移，这个速度称为平均漂移速度（v_n）。

如果电子的平均自由时间为 τ_n，电子在每两次散射之间，被施加的冲量为 $-qE\tau_n$，获得的动量为 $m_n^* v_n$，根据动量定理可得到：

$$-qE\tau_n = m_n^* v_n \tag{2.22}$$

则平均漂移速度为：

$$v_n = \left(\frac{-q\tau_n}{m_n^*}\right)E \tag{2.23}$$

式（2.23）说明，电子的平均漂移速度正比于外加电场强度。比例系数由电子的平均自由时间和电子的有效质量 m_n^* 而定。这个比例系数用 μ_n 来表示，即：

$$\mu_n \equiv \frac{-q\tau_n}{m_n^*} \tag{2.24}$$

式中，μ_n 为电子迁移率，单位为 $cm^2/(V \cdot s)$。引入电子迁移率后，式（2.23）可以改写为：

$$v_n = -\mu_n E \tag{2.25}$$

式中，负号表示电子漂移方向和电场方向相反。同理，价带中的空穴在外加电场作用下的平均漂移速度（v_p）和空穴迁移率（μ_p）为：

$$v_p = \mu_p E \tag{2.26}$$

$$\mu_p \equiv \frac{-q\tau_p}{m_p^*} \tag{2.27}$$

式中，τ_p 为空穴的平均自由时间；m_p^* 为空穴的有效质量。

由于空穴的漂移方向和电场方向相同，因此式（2.26）中无负号。对于载流子输运而言，迁移率是一个重要的参数，因为它描述了施加电场对电子和空穴运动的影响程度。表2.5是几种常见半导体在室温下测得的载流子迁移率。

表2.5 室温下硅、锗、砷化镓中电子、空穴的迁移率　　　　　　单位：$cm^2/(V \cdot s)$

迁移率	硅	锗	砷化镓
电子迁移率	1350	3900	8500
空穴迁移率	480	1900	400

2.7.2.2　散射机制

在式（2.24）和式（2.27）中，载流子的迁移率与平均自由时间有关，而平均自由时间取决于散射机制。在半导体中，载流子的主要两种散射机制是晶格散射和杂质散射。

■ （1）晶格散射

晶格散射归因于在任何高于绝对零度（0K）下晶格原子的热振动。晶格振动随着温度的升高而加强，当温度升高时，对载流子的晶格散射也将增强。在低掺杂浓度的半导体中，迁移率随温度升高而大幅度下降主要就是由晶格散射引起的。理论分析证明，晶格散射引起的迁移率变化反比于 $T^{3/2}$。

■ （2）杂质散射

半导体中的杂质原子和晶格缺陷都会对载流子产生散射。但半导体中最重要的杂质散射是由电离的杂质（施主或受主）形成的正电中心或负电中心引起的。由于库仑力的作用，带电载流子与带电中心会有吸引或排斥现象，当载流子经过它们附近时，带电载流子的路径会偏移，如图2.27，正电中心对电子吸引和对空穴排斥会产生载流子的散射现象。由此，杂质散射的概率视电离的杂质的总浓度，也就是带正电及负电离子的浓度总和而定。在掺杂半导体中，除去极低温度时的情况，通常施主或受主都是全部电离的。也就是掺杂浓度越高，载流子被杂质散射的概率越大，迁移率因此随杂质浓度的增大而减小。电离杂质散射的强弱还与温度有关。由于载流子的热运动速度与温度正相关，在较高温度的情况下，载流子的热运动速度很大，它们在电离杂质原子附近停留的时间较短，有效的杂质散射也因此减少。可以证明，由杂质散射引起的迁移率变化与杂质总浓度 N_T（$N_T = N_A + N_D$）成反比，而与 $T^{3/2}$ 成正比。

图2.28所示为不同施主浓度硅晶 μ_n 与 T 的实测曲线。曲线右上角则为理论上由晶格及杂质散射所造成的 μ_n 与 T 的依存性。在高纯样品或杂质浓度较低的样品中，迁移率随温度升高

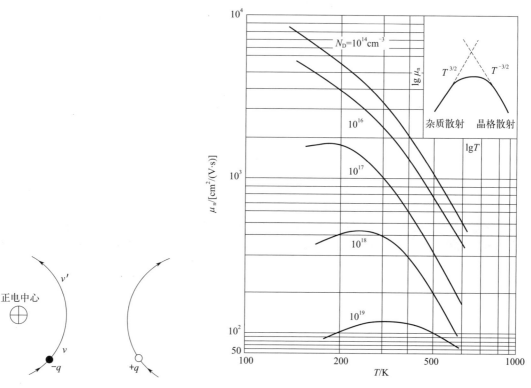

图2.27　正电中心的散射作用　　图2.28　硅单晶中不同浓度施主杂质中电子迁移率随温度的变化曲线

迅速减小，这是因为掺杂浓度N_D很小（如$10^{14}\,\mathrm{cm}^{-3}$），杂质散射作用可略去，晶格散射起主要作用，所以迁移率随温度增加而减低。当杂质浓度增加，迁移率下降趋势就不太显著了，这说明杂质散射机构的影响在逐渐加强，当杂质浓度高到$10^{18}\,\mathrm{cm}^{-3}$以上后，在低温范围，随着温度的升高，电子迁移率反而缓慢上升，到一定温度后才稍有下降，这说明温度低时，杂质散射起主要作用，晶格振动散射与前者相比，影响不大，所以迁移率随温度升高而逐渐增大；温度继续升高，又以晶格振动散射为主，故迁移率下降。就同一温度对比下，迁移率随杂质浓度的增加而减少，这是杂质散射增加的缘故。

2.7.2.3 强电场下的速度饱和效应

在前面的介绍中，我们假设了迁移率是一个与电场强度无关的常数，因此漂移速度线性正比于所施加的电场，但这个假设是在电场强度不是很大的情况下。当电场强度超过一定的数值后，迁移率就不再是一个常数，平均漂移速度随外加电场强度变化的曲线斜率逐渐变小，最后漂移速度趋于一个恒定值，称为饱和漂移速度（v_{sat}）。图2.29是室温下，硅中的电子和空穴的漂移速度与电场强度的关系。由式（2.24）、式（2.27）可知，迁移率与平均自由时间成正比，而平均自由时间主要取决于载流子的运动速度，在低电场时，载流子的漂移速度比载流子的热运动速度小得多，所以载流子的平均运动速度由热运动速度（$10^7\,\mathrm{cm/s}$）决定，这时的散射主要由载流子的热运动引起，因此迁移率不会随电场强度变化。然而，当电场强度增加到临界电场强度时，平均漂移速度增加到与热运动速度相当的大小，平均自由时间就由这两个速度共同决定，随着电场强度增强，漂移运动引起的散射越来越大，载流子的平均自由时间越来越小，所以迁移率会随着电场强度的增大而减小，从而使漂移速度不再与电场强度成正比，漂移速度增加缓慢，最后趋于饱和。

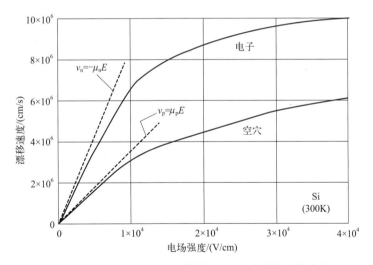

图2.29　硅中的电子和空穴的漂移速度与电场强度的关系

2.7.2.4 漂移电流和电导率

载流子在电场作用下会发生定向运动，产生电流，称为漂移电流。如图2.30所示，一块半导体样品，其截面积为A，长度为L，载流子浓度为每立方厘米n个电子，施加的外电场为E，根据电流密度的定义，流经半导体中电子的电流密度J_n为：

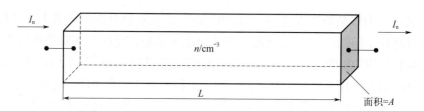

图2.30 N型半导体中电流的传导

$$J_n = \frac{I_n}{A} = \sum_{i=1}^{n}(-qv_i) = -qnv_n = qn\mu_n E \tag{2.28}$$

式中，I_n 为电子的电流。同理，空穴的电流密度 J_p 为：

$$J_p = qpv_p = qp\mu_p E \tag{2.29}$$

半导体中有两种载流子，所以在电场 E 的作用下，流经半导体的总电流密度 J 为：

$$J = J_n + J_p = (qn\mu_n + qp\mu_p)E \tag{2.30}$$

式（2.30）中括号里的物理量称为电导率，用 σ 表示，电子和空穴对电导率的贡献是相加的：

$$\sigma = q\left(n\mu_n + p\mu_p\right) \tag{2.31}$$

因此，式（2.29）可以写为：

$$J = \sigma E \tag{2.32}$$

式（2.31）称为欧姆定律的微分形式，因此对应的半导体的电阻率 ρ 为 σ 的倒数，即：

$$\rho \equiv \frac{1}{\sigma} = \frac{1}{q\left(n\mu_n + p\mu_p\right)} \tag{2.33}$$

在杂质半导体中，多数载流子浓度通常远远大于少数载流子浓度（相差好几个数量级），可以忽略少数载流子对电导率的贡献，而且常温下，多子浓度与杂质浓度（补偿后）近似相等，因此杂质半导体的电阻率可以表示为：

$$\text{N 型半导体的电阻率 } \rho \approx \frac{1}{qn\mu_n} \tag{2.34}$$

$$\text{P 型半导体的电阻率 } \rho \approx \frac{1}{qp\mu_p} \tag{2.35}$$

2.7.3 扩散运动

除了载流子的漂移运动可以形成电流外，载流子浓度若在空间上有一个变化，载流子会从高浓度向低浓度区域流动，这种由载流子浓度差引起的载流子运动称为扩散运动，由扩散运动形成的电流称为扩散电流，如图2.31。因此，当载流子浓度分布不均匀时，即使没有外加电场，也可以形成电流。

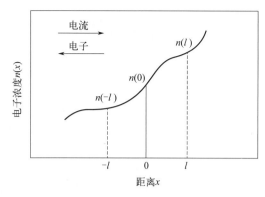

图2.31　电子的扩散运动和扩散电流（l是平均自由程）

单位时间内，通过扩散运动穿过单位截面积的载流子个数称为扩散流密度，用 F 表示。可以证明，扩散流密度的大小正比于载流子的浓度梯度，电子和空穴的一维扩散流密度 F_n、F_p 可以表示为：

$$F_n = -D_n \frac{\mathrm{d}n(x)}{\mathrm{d}x} \tag{2.36}$$

$$F_p = D_p \frac{\mathrm{d}p(x)}{\mathrm{d}x} \tag{2.37}$$

式（2.36）中，负号表示电子的扩散流的方向与浓度梯度方向相反。式（2.36）和式（2.37）中，$p(x)$ 为空穴浓度；D_n、D_p 为电子和空穴的扩散系数，单位是 cm^2/s。扩散系数 D 是描述载流子扩散能力强弱的一个常数。将扩散流密度乘上载流子的电荷量，就得到电子和空穴的扩散电流密度：

$$J_n = -qF_n = qD_n \frac{\mathrm{d}n(x)}{\mathrm{d}x} \tag{2.38}$$

$$J_P = qF_p = -qD_p \frac{\mathrm{d}p(x)}{\mathrm{d}x} \tag{2.39}$$

比较以上两式可以看到，虽然扩散电流与载流子浓度在空间上的梯度相关，但是由于载流子电子和空穴所带的电荷正负的不同，所以电子的扩散电流密度与浓度梯度方向相同，而空穴的扩散电流密度方向与浓度梯度方向相反。

2.7.4　电流密度方程与爱因斯坦关系式

■（1）电流密度方程

当浓度梯度和电场同时存在时，载流子既做扩散运动，又做漂移运动，总电流密度为扩散电流密度和漂移电流密度之和，即：

$$J_n = qn\mu_n E + qD_n \frac{\mathrm{d}n(x)}{\mathrm{d}x} \tag{2.40}$$

$$J_p = qp\mu_p E - qD_p \frac{\mathrm{d}p(x)}{\mathrm{d}x} \tag{2.41}$$

其中，E 为 x 方向的电场。根据式（2.40）和式（2.41）可以得到半导体中的总电流密度为：

$$J = J_n + J_p = \left(qn\mu_n + qp\mu_p\right)E + q\left(D_n\frac{\mathrm{d}n(x)}{\mathrm{d}x} - D_p\frac{\mathrm{d}p(x)}{\mathrm{d}x}\right) \tag{2.42}$$

电流密度方程对于分析半导体器件在低电场下的工作原理是非常重要的。

■（2）爱因斯坦关系式

以上在讨论漂移运动和扩散运动时，分别用迁移率 μ 和扩散系数 D 来描述这两种运动的难易程度。而且这两种运动的难易程度都与载流子的散射密切相关，因此迁移率和扩散系数之间必然存在确定的比例关系，即：

$$D_n = \frac{kT}{q}\mu_n \tag{2.43}$$

$$D_p = \frac{kT}{q}\mu_p \tag{2.44}$$

式（2.43）和式（2.44）称为爱因斯坦关系式。利用爱因斯坦关系式可以由迁移率计算出扩散系数，反之亦可。

[例2.4] 室温下少数载流子（空穴）于某一点注入一个均匀的 N 型半导体中，施加一个 50V/cm 的电场于其样品上，且电场在 100μs 内将这些少数载流子移动了 1cm。求少数载流子的漂移速率及扩散系数。

解：根据题意，空穴的漂移速率为：

$$v_p = \frac{1}{100\times10^{-6}}\mathrm{cm/s} = 10^4\,\mathrm{cm/s}$$

则空穴的迁移率为：

$$\mu_p = \frac{v_p}{E} = \frac{10^4}{50}\mathrm{cm}^2/\left(\mathrm{V}\cdot\mathrm{s}\right) = 200\mathrm{cm}^2/\left(\mathrm{V}\cdot\mathrm{s}\right)$$

因此，空穴的扩散系数为：

$$D_p = \frac{kT}{q}\mu_p = 0.0259\times200\mathrm{cm}^2/\mathrm{s} = 5.18\mathrm{cm}^2/\mathrm{s}$$

以上内容重点讨论了载流子的最基本的输运运动——漂移运动和扩散运动。除此之外，载流子的输运还包括复合、产生、热电子发射、隧穿及雪崩过程，等等。载流子的输运现象是最终确定半导体器件电流 - 电压特性的基础。

本章主要介绍半导体的基本特性。首先讨论的是固体材料的分类及半导体的晶体结构，并用晶面和晶向来描述；然后介绍与半导体相关的共价键和能带理论，讨论热平衡状态下的本征半导体、杂质半导体的载流子分布；最后介绍半导体中载流子的主要输运过程，包括电场下的漂移运动和浓度差影响的扩散运动，总电流为漂移电流和扩散电流之和。

习题

一、选择题

1. 在高纯Si中同时掺入浓度为10^{15}cm^{-3}的磷和10^{14}cm^{-3}的镓，则室温下其有效杂质浓度为（　　）。

　　A. $9 \times 10^{14}\text{cm}^{-3}$　　　　B. $1.1 \times 10^{15}\text{cm}^{-3}$　　　　C. $1.5 \times 10^{10}\text{cm}^{-3}$　　　　D. $2.25 \times 10^{20}\text{cm}^{-3}$

2. $n_0 p_0 = n_i^2$标志着半导体处于什么状态？当室温下本征半导体掺入施主杂质时，p_0如何改变？（　　）

　　A. 热平衡、增大　　　　B. 热平衡、减少　　　　C. 非平衡、减少　　　　D. 热平衡、不变

3. 公式$\mu = qt/m^*$中的μ和t分别是载流子的（　　）。

　　A. 迁移率、寿命　　　　　　　　　　　　B. 扩散系数、平均自由时间

　　C. 迁移率、平均自由时间　　　　　　　　D. 散射概率、平均自由程

4. 下列关于费米能级的叙述，正确的是（　　）。

　　A. 费米能级标志了电子填充能级的水平

　　B. 随着温度升高，电子占据能量大于费米能级的量子态的概率下降

　　C. 处于热平衡状态的电子系统没有统一的费米能级

　　D. 当$T > 0\text{K}$时，若$E > E_F$，费米分布函数$F(E) = 1/2$

5. 一平面在三个直角坐标方向的截距分别是$2a$、$3a$、$5a$，其中a为晶格常数，该平面的米勒指数是（　　）。

　　A.（2 3 5）　　　　B.（1/2 1/3 1/5）　　　　C.（15 10 6）　　　　D.（1/15 1/10 1/6）

二、简答题

1. 试从能带的角度来解释绝缘体、半导体、导体在导电性能上的差异。

2. 试解释温度的变化如何影响本征载流子的浓度。

3. 什么是N型半导体和施主杂质能级？什么是P型半导体和受主杂质能级？它们之间有什么区别？

4. 什么是迁移率、扩散系数？两者之间有什么联系？

拓展学习

不同于一般的经典力学，电子的微观运动遵循量子力学规律。量子力学的发展很大程度上促进了原子物理学、固体物理学和原子核物理学等学科的发展，标志着人们对客观规律的认识从宏观世界深入到了微观世界。请通过文献调研，阐述量子力学在现代科学发展中的意义。

第 3 章

集成电路的积木——半导体器件

▶▶ 思维导图

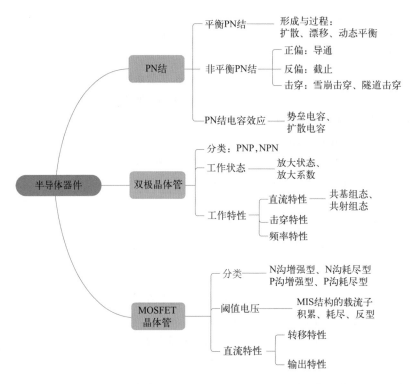

半导体物理和半导体器件物理有着很深的渊源，它们共同构成了电子科学技术理论基石的重要部分。前一章讨论了杂质半导体的两种类型及载流子的输运现象。如果把一块N型半导体和一块P型半导体结合起来，就形成了PN结，这是绝大多数半导体器件的一个最基本的结构。掌握PN结的性质就可以分析半导体器件的工作原理及特性。本章首先介绍PN结的形成机制、单向导电性、击穿机制和电容效应等，接着依次介绍现代主流的半导体器件——双极晶体管、场效应晶体管，这些器件是构成集成电路（Intergrated Circuit，IC）的基本单元器件，广泛应用于电子、通信、网络、计算机及自动化等各个领域。

3.1 PN结

在一块半导体材料中，如果一部分均匀掺杂N型杂质（浓度为N_D），在其相邻部分均匀掺杂P型杂质（浓度为N_A），这样在其交界处就形成了PN结。现在的PN结大多数是用平面工艺制作的。平面工艺技术已广泛应用于现在的IC工艺，平面工艺的内容将会在第4章详细介绍。

按照杂质浓度分布，PN结一般可以归纳为突变结和线性缓变结，如图3.1所示。若在N型和P型区域的交界处，杂质分布有一个阶跃式突变，这种PN结称为突变结，见图3.1（a）；若在交界处杂质浓度的变化随距离线性变化，称为线性缓变结，见图3.1（b）。

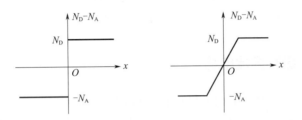

(a) 理想突变结的掺杂分布　　(b) 理想线性缓变结的掺杂分布

图3.1　PN结的掺杂分布

对于突变结，当一侧的浓度远大于另一侧时，称为单边突变结。当$N_D \gg N_A$，称之为N^+P结；当$N_A \gg N_D$，称之为P^+N结。

3.1.1 热平衡PN结

在给定温度下，没有任何外加激励（电场、磁场、光照、辐射等）的PN结为热平衡PN结。一般磁场、光照、辐射等因素不在考虑范围之内，因此热平衡PN结就是指零偏压条件下的PN结。

下面从载流子的输运角度来描述热平衡PN结的形成过程。

在PN结形成之前，N区的电子浓度高于P区的电子浓度，P区的空穴浓度高于N区的空穴浓度。由于PN结两边存在载流子浓度差，N区的电子将向P区做扩散运动。同样，P区的空穴向N区扩散。当N区的电子因为扩散运动离开N区后，在N区留下了带正电荷的电离施主。同样，在P区留下了带负电荷的电离受主，如图3.2所示。由此产生的电子与空穴的扩散电流方向都是从P区指向N区。将P区留下的电离受主电荷和N区留下的电离施主电荷统称为空间电荷，空间电荷所在的区域称为空间电荷区。空间电荷的位置由杂质原子所在的位置决定，而施主原子和受主原子占据的位置都是晶格格点的位置，固定不动，所以空间电荷不能移动，当然也不能传导电流。虽然空间电荷不能传导电流，但由于正、负空间电荷在空

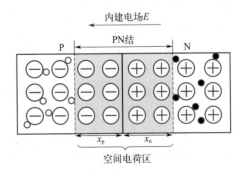

图3.2　PN结的形成

间的相对位置是固定的，所以就形成了由正空间电荷指向负空间电荷的电场。这个电场不是由外部因素引起的，而是由PN结内部载流子运动形成的，所以称之为PN结内建电场。在图3.2中，这个电场由N区指向P区，阻碍PN结两边载流子扩散。随着内建电场的建立，载流子除了由于浓度差引起的扩散运动外，还要受到内建电场的作用而产生漂移运动，漂移电流方向与对应载流子的扩散电流方向相反。刚开始，内建电场很弱，漂移电流很小，但随着扩散运动的继续，空间电荷的数量逐渐增加，空间电荷区的宽度也随着增大，内部电场随之增强。于是，载流子的漂移运动也逐渐增强，扩散运动相对减弱。当载流子的漂移运动形成的漂移电流等于载流子的扩散运动形成的扩散电流时，载流子的扩散运动和漂移运动达到动态平衡，也就是热平衡，不再有载流子的净流动。此时空间电荷区的宽度和内建电场的强度达到一个稳定值。空间电荷区内的两侧保持电中性，正负电荷的电量相等。由于空间电荷区的载流子浓度近似认为耗尽，所以空间电荷区也称为耗尽层，图3.2中的x_n和x_p分别代表N型和P型区域在空间电荷区的宽度。空间电荷区的总宽度为x_n和x_p的和。

3.1.2　平衡费米能级和内建电势

图3.3（a）是N型半导体和P型半导体在形成PN结前的各自能带图，其中$(E_F)_N$表示N区费米能级，其中$(E_F)_P$表示P区费米能级。从能带图可以看出，N型半导体的费米能级高于P型半导体的费米能级，这也表明了N型半导体中电子填充能带的水平高于P型半导体。当把这两块不同类型的半导体紧密结合到一起，形成PN结后，费米能级高的N区的电子将逐渐流向P区，空穴则从P区流向N区，因而N型半导体的费米能级不断下降，P型半导体的费米能级不断上移。随着这一过程的进行，N区电子的能带将逐渐下降，P区电子的能带将逐渐升高，$(E_F)_N-(E_F)_P$的差值也逐渐减小，当$(E_F)_N-(E_F)_P=0$时，两个区就可以用统一的费米能级E_F来表示，如图3.3（b）所示。此时，两个区不再有电子的净流动，我们称此时的PN结为热平衡PN结。

通俗地说，费米能级就像水平面一样。在一个相通系统中，水平面必须相等。比如说，有两个水桶，里面装的水量不一样，水面高度也不一样。但如果用一根管子将两个水桶连通，两个水桶之间就会发生水流，最后一定会使两个水桶的水平面相等。费米能级也是这样。两个分立的半导体材料，费米能级可以不一样。但如果这两个材料连成一个系统，就会在这两个材料之间发生电荷的移动，最终使费米能级相等。

若图3.3（a）中，PN结在形成之前，N型半导体的费米能级和P型半导体的费米能级相差为qV_D，即$qV_D=(E_F)_N-(E_F)_P$，那么，当PN结形成统一费米能级之后，N区的能带相对于P区的能带将整体向下平移一个qV_D。其中，V_D称为PN结的接触电势

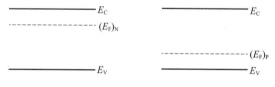

(a) 形成PN结前均匀掺杂的P型和N型半导体

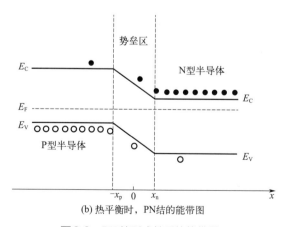

(b) 热平衡时，PN结的能带图

图3.3　PN结形成前后的能带图

或内建电势。因为内建电势是由于载流子的扩散运动形成的，所以，也称它为扩散电势。

由于空间电荷区N区一侧带正电，P区一侧带负电，所以，N区一侧的电势比P区一侧高 V_D。由于电子带负电，所以N区导带底电子的电势能比P区导带底电子的电势能低 qV_D。这样，如果N区导带底的电子要进入P区导带底，则必须越过一个能量为 qV_D 的势垒。同样地，P区价带顶的空穴如果要进入N区价带顶也必须越过能量为 qV_D 的势垒。势垒所在的区域就是空间电荷区的位置，所以空间电荷区/耗尽层被赋予第三个名称，即势垒区。

由第2章介绍的热平衡状态下的载流子浓度公式和PN结的统一费米能级，可以推导出内建电势：

$$V_D = \frac{kT}{q} \ln \frac{N_D \times N_A}{n_i^2} \tag{3.1}$$

从式（3.1）可以看出，内建电势取决于掺杂浓度、温度和本征载流子浓度（n_i 与半导体材料的禁带宽度和温度有关）。对于一个已知的PN结，式（3.1）等号右边的参数都是已知的，所以在给定温度下，V_D 可以计算出来。当材料和温度固定的情况下，内建电势的大小与两侧半导体的掺杂浓度有关。掺杂浓度越高，内建电势越大，即势垒越高。当N区掺杂浓度越大，费米能级 $(E_F)_N$ 越靠近导带底；P区掺杂浓度越大，费米能级 $(E_F)_P$ 越靠近价带顶。于是，$qV_D = (E_F)_N - (E_F)_P$ 就越大，这个结论，也可以从图3.1（a）看出。

一般情况下，在一个热平衡PN结中，空间电荷区以外的区域都是电中性的。N区一侧的中性区称为N型中性区，P区一侧的中性区称为P型中性区。各中性区载流子浓度由各个区的掺杂浓度决定。前面讨论到，在空间电荷区的载流子，近似认为耗尽。实际上，空间电荷区的载流子浓度的分布如图3.4所示。在空间电荷区内，载流子浓度急剧变化，电子浓度从 x_n 处的 n_{n0} 减小到 $-x_p$ 处的 n_{p0}，空穴浓度从 $-x_p$ 处的 p_{p0} 减小到 x_n 处的 p_{n0}。空间电荷区中绝大部分区域内的载流子浓度远小于电离杂质浓度，即在空间电荷区N区一侧（正电荷区）的绝大部分区域，空穴浓度和电子浓度都远小于电离施主浓度，所以正电荷区的正电荷密度近似等于电离施主的浓度；同样，在P区一侧（负电荷区）的绝大部分区域，空穴浓度和电子浓度都远小于电离受主浓度，所以负电荷区的负电荷密度近似等于电离受主的浓度。

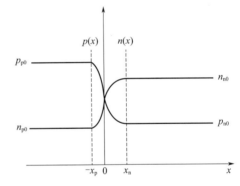

图3.4　热平衡PN结的载流子浓度分布
（$N_A > N_D$）

3.1.3　理想PN结的伏安特性

前面讨论的PN结是在热平衡状态下的，即在零偏压下的平衡PN结。在PN结的中性区中，载流子浓度由掺杂杂质浓度决定。但是，在外加偏压、光照等情况下，PN结的平衡状态会被打破，即出现非平衡情况。一个很明显的变化就是在中性区载流子的浓度偏离热平衡时的数值 n_0 和 p_0，偏离部分的载流子常称为过剩载流子或非平衡载流子。其实，实际的PN结在工作状态下都是加有一定偏置电压的。而且，当外加电压极性不同时，PN结呈现出截然不同的导电性能。在分析PN结在正、反向偏压下的工作情况之前，我们先来说明理想PN结的内涵。

理想PN结满足的条件如下：

① 小注入条件，即注入的少子浓度比平衡多子浓度小得多；

② 耗尽层近似，即外加电压都降落在耗尽层上，耗尽层以外的半导体是电中性的，因此注入的少子在P区和N区只做扩散运动；

③ 不考虑耗尽层中载流子的产生与复合，通过耗尽层的电流密度不变；

④ 玻尔兹曼边界条件，即在耗尽层两端，载流子分布满足玻尔兹曼分布；

⑤ 忽略半导体表面对电流的影响。

本书对PN结的论述，如果不加特殊说明，一般均指理想PN结。

3.1.3.1　PN结的正向特性

当电源的正极接到PN结的P端，且电源的负极接到PN结的N端时，称为PN结外加正向电压，也称正向接法或正向偏置。

在势垒区中，载流子几乎耗尽，剩下的都是不可移动的带正负电荷的杂质离子。所以，PN结的势垒区相对于两侧的中性区是个高阻层。当PN结两端加上正向电压V_F时，这个电压将集中降落在势垒区，也就是说，外加电压将使势垒高度发生变化，这个变化的幅度就等于qV_F。这里要注意的是，这个正向电压与原来热平衡PN结的内建电势V_D的方向正好相反，因此正向电压将使势垒中的电场减小，势垒宽度变窄，势垒高度由原来的qV_D下降到$q(V_D-V_F)$，如图3.5（a）、（b）所示。势垒高度的降低，打破了热平衡PN结的动态平衡过程，扩散作用大于漂移作用，导致净扩散的出现，N区的电子将源源不断地扩散进入P区，P区的空穴也将不断地扩散进入N区。电子进入P区成为P区的非平衡少数载流子，空穴进入N区也成为N区的非平衡少数载流子。这种由于外加正向偏压的作用使非平衡载流子进入半导体的过程称为电注入。

注入P区的电子将在势垒区边界$-x_p$处积累起来，成为该处的非平衡少数载流子，这些电子在浓度梯度驱使下向P区中性区方向扩散，在扩散过程中不断与P区的多子空穴复合，电子电流将逐渐转化为空穴电流。经过一个扩散长度L_n（$L_n=\sqrt{D_n\tau_n}$）的距离后，注入的电子全部被P区的空穴复合掉，这时由N区注入P区的电子电流就全部转化成了P区的空穴电流。为了维持电流的连续性，与电子复合而消失的空穴，将由外电路通过电极接触处来补充。同样，由P区注入N区的空穴也在势垒边界x_n处积累起来，成为N区的非平衡少数载流子，这些空穴由于存在浓度梯度而不断向N区中性区方向扩散，在扩散过程中不断与N区的多子电子复合，空穴电流就逐渐转化成了N区的电子电流。经过一个扩散长度L_p（$L_p=\sqrt{D_p\tau_p}$）的距离后，

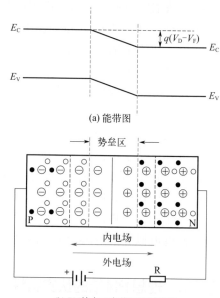

(a) 能带图

(b) PN结在正向偏压下的情况

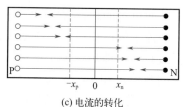

(c) 电流的转化

图3.5　PN结正向特性

注入的空穴全部被N区的电子复合掉,这时由P区注入N区的空穴电流就全部转化成了N区的电子电流,如图3.5(c)所示。与空穴复合而消失的电子,同样将由外电路通过电极接触处来补充。势垒区两侧一个扩散长度范围内的区域称为扩散区,P区一侧的扩散区称为电子的扩散区,N区一侧的扩散区称为空穴的扩散区。

从整体上来看,根据电流的连续性,流过PN结任一截面上的总电流(电子电流+空穴电流)应该是相等的,但是由上面的讨论可以得知,在不同的区域,总电流中电子电流和空穴电流所占的比例是不同的。一般在P型中性区基本上是空穴电流,在N型中性区则基本上是电子电流。这两种电流在PN结的扩散区通过复合相互转换,而总电流却保持不变。随着正向电压V_F的进一步增加,势垒的高度将进一步降低,越过势垒扩散到P区的电子和N区的空穴将迅速增多,从而使PN结的正向电流迅速增大。因此,PN结在正向电压作用下,表现出低阻的特性。所以,图3.5(b)中电阻R是必不可少的,用以限制回路电流,防止PN结因正向电流过大而损坏。

实际上,由P区进入势垒区的空穴和由N区进入势垒区的电子,在势垒区会发生复合,而不会流入相对应的区中,这部分由势垒区复合而产生的电流称为势垒区复合电流,但这部分电流占前面扩散电流的很少一部分,一般将其忽略。

3.1.3.2 PN结的反向特性

当电源的正极接到PN结的N端,且电源的负极接到PN结的P端时,称PN结外加反向电压,也称反向接法或反向偏置。

如图3.6所示,当PN结外加反向电压V_R,这个反向电压与原来热平衡PN结的内建电势V_D的方向正好相同,因此反向电压将使势垒中的电场增强,势垒宽度变宽,势垒高度由原来的qV_D增加为$q(V_D-V_R)$。势垒高度的增加,打破了热平衡PN结的动态平衡过程,漂移作用大于扩散作用,导致净漂移的出现。这时势垒区N区一侧的x_n处附近的少子空穴被势垒区的强场扫向P区,而势垒区P区一侧的$-x_p$处的少子电子则被扫向N区。常称这种现象为PN结的反向抽取作用。

势垒区边上N区少子空穴,被势垒区强大的电场抽取到P区后,由于浓度差,N区中性区内部的少子将通过扩散来补充。N区的空穴主要是由热激发产生的,热激发会产生电子-空

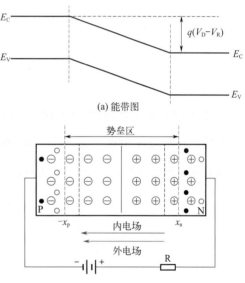

(a) 能带图

(b) PN结在反向电压下的情况

图3.6 PN结反向特性

穴对,除了空穴向势垒区方向扩散运动,为了维持电流的连续性,产生的电子会向电极接触处方向运动。同样地,势垒区边上P区少子电子,被抽取到N区后,P区中性区由热激发产生的少子将通过扩散来补充,热激发产生的空穴就向电极接触处方向运动。因此就形成了反向偏压下少数载流子的扩散电流,PN结中总的反向电流就等于势垒区两个边界处(x_n和$-x_p$)少数载流子扩散电流之和。因为少子浓度很低,而少子的扩散长度基本没有变化,所以反向偏压时,少子的浓度梯度很小,即反向电流也比较小。

实际上，在势垒区中，也会由于热激发产生少量的电子-空穴对，电子被拉向N区，空穴被拉向P区，由此在势垒区产生电流，这部分电流相对也很少，常被忽略。

3.1.3.3 PN结的电流－电压关系

由前面的讨论可知，PN结各处电流连续，任意截面电流相等，而且忽略势垒区的产生-复合作用。因此，通过$-x_p$处的电子电流密度等于通过x_n处的电子电流密度。而流过PN结的总电流密度J(以x_n截面为例)，就是流过该截面的电子电流密度与空穴电流密度之和，即：

$$J = J_p\left(x_n\right) + J_n\left(x_n\right) = J_p\left(x_n\right) + J_n\left(-x_p\right) \tag{3.2}$$

由电子和空穴的扩散电流密度方程和非平衡载流子浓度分布，可以推出，在N区边界x_n处和在P区边界$-x_p$处的空穴扩散电流密度和电子扩散电流密度为：

$$J_p\left(x_n\right) = \frac{qD_p p_{n0}}{L_p}\left[\exp\left(\frac{qV}{kT}\right) - 1\right] \tag{3.3}$$

$$J_n\left(-x_p\right) = \frac{qD_n n_{p0}}{L_n}\left[\exp\left(\frac{qV}{kT}\right) - 1\right] \tag{3.4}$$

通过PN结的总电流密度为：

$$J = q\left(\frac{D_p p_{n0}}{L_p} + \frac{D_n n_{p0}}{L_n}\right)\left[\exp\left(\frac{qV}{kT}\right) - 1\right] = J_0\left[\exp\left(\frac{qV}{kT}\right) - 1\right] \tag{3.5}$$

式中，V为外加电压；J_0是不随电压变化的参数，即：

$$J_0 = q\left(\frac{D_p p_{n0}}{L_p} + \frac{D_n n_{p0}}{L_n}\right) \tag{3.6}$$

式（3.5）就是理想PN结的伏安特性方程，又称为肖克利方程。图3.7是PN结的伏安特性曲线。在常温（300K）下，$kT/q=0.026V$，实际正向电压只有零点几伏，故$\exp\left(\frac{qV}{kT}\right) \gg 1$，所以表示正向特性时，式（3.5）可以简化为：

$$J = J_0 \exp\left(\frac{qV}{kT}\right) \tag{3.7}$$

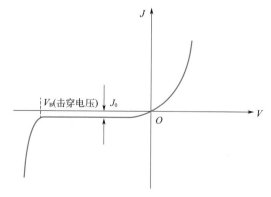

图3.7 PN结的伏安特性

可见，正向电流随外加正向电压V按指数规律快速增大。在实际电路中的PN结，只要它是处于正向导通状态，PN结上的电压就具有大体确定的值，这个值就称为PN结的导通电压，又称为阈值电压。对于反向电压（$V<0$），一般$\exp\left(\dfrac{qV}{kT}\right)\to 0$，式（3.5）可以近似为：

$$J = -J_0 \tag{3.8}$$

当反向电压V越大（绝对值）时，反向电流越趋近于J_0，将其称为反向饱和电流。

3.1.4　PN结的击穿

由前面的讨论可知，当PN结外加反向电压时，电流很小，而且随着电压的增加越趋近于饱和值J_0。实际情况下，当反向电压继续增大时，反向电流会突然增加，这种现象称为PN结击穿，此时对应的反向电压称之为击穿电压，用V_B表示。击穿是PN结特别重要的一个电学性质，V_B给出了PN结能够承受的最高的反向电压。

PN结的击穿原理，可以用两种机制来阐述，分别是雪崩击穿和隧道击穿（或称齐纳击穿），下面将对其一一进行介绍。

■（1）雪崩击穿

当反向电压足够高时，空间电荷区内的电场很强，少数载流子在结区内受强烈电场的加速作用，获得很大的能量，载流子在晶体中运动时，不断地与晶格原子发生碰撞，可以使价电子"打"出共价键，激发到导带，形成新的电子-空穴对，这种现象称为碰撞电离。这些新的载流子在强电场作用下，向与原先的载流子相反的方向运动，再次获得能量，又可以碰撞其他原子，产生更多的电子-空穴对，这就是载流子的倍增效应，如图3.8所示。如此连锁反应，载流子如雪崩式倍增，使反向电流迅速增大。这种击穿称为雪崩击穿。

■（2）隧道击穿

隧道击穿是电子的隧道穿透效应在强场作用下迅速增加的结果。隧道击穿常发生在掺杂浓度比较高的PN结中，因为此时空间电荷区比较薄，一个很小的反向电压就可以在空间电荷区内建立一个很强的电场（通常高达10^8V/cm）。反向电压下，能带发生陡峻的倾斜，结果导致P区价带顶高于N区导带底，即价带中的部分电子能量高于导带底。如图3.9所示，根据量子学理论，P区价带电子按一定概率会穿过禁带（禁带宽度为d）到达N区导带中，产生电子-空穴对，它们分别被抽取到N区和P区，使反向电流急剧增加，由此导致的击穿为隧道击穿。

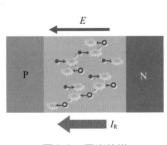

图3.8　雪崩倍增

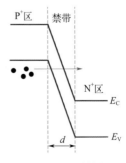

图3.9　隧道效应

以上两种击穿属于非破坏性可逆击穿，发生击穿并不一定意味着PN结被损坏。当PN结反向击穿时，只要注意控制反向电流的数值（一般通过串接电阻R实现），不使其过大，以免因过热而烧坏PN结，当反向电压降低时，PN结的性能就可以恢复正常。还有一种热击穿属于不可逆击穿，当反向电压增大时，反向电流所引起的热耗损也增大。如果这些热量不能及时传递出去，将引起结温上升，而结温上升又导致反向电流和热耗损的增加。如此就会形成恶性循环，直到PN结被烧毁。

3.1.5　PN结的电容效应

■ （1）PN结的势垒电容

PN结电容效应是PN结的一个基本特性。当PN结上外加电压变化，势垒区的空间电荷量会相应发生变化。这一点，与平行板电容器充放电相似，称之为电容效应。

对于平衡的PN结来说，势垒区的内建电势是V_D，而且N区的电位高于P区的电位。当存在外加偏压V时，PN结的有效电势差为V_D-V。当$V>0$，即PN结正偏情况下，N区相对于P区的电势是减小的，P、N区的多子流入空间电荷区，空间电荷区变窄，类似于充电过程，如图3.10（a）所示；当$V<0$，即PN结反偏情况下，N区相对于P区的电势是增加的，P、N区的多子从空间电荷区离开，空间电荷区变宽，类似于放电过程，如图3.10（b）所示。所以，当PN结外加偏置电压发生变化时，PN结空间电荷区的电荷量随之发生变化，相当于一股充放电电流，该现象反映了PN结空间电荷区具有电容效应，将其称为势垒电容。

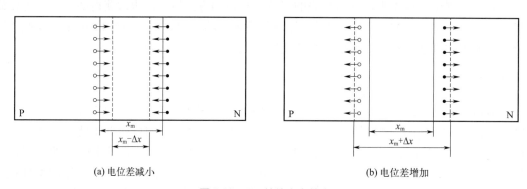

(a) 电位差减小　　　　　　　　　　　　(b) 电位差增加

图3.10　PN结的电容效应

■ （2）PN结的扩散电容

PN结扩散电容指的是PN结外加正向偏压时，在其势垒区两边的扩散区内有着非平衡少数载流子的积累。当正向偏压增加时，在扩散区中积累的非平衡载流子也增加，即N区扩散区内积累的非平衡空穴和与之保持电中性的电子，以及P区扩散区中积累的非平衡电子和与之保持电中性的空穴均增加，相当于电容"充电"；当正向偏压降低时，积累的非平衡少子减少，相当于电容"放电"。因此，扩散区内电荷数量随外加电压变化，形成扩散电容，用C_D来表示。扩散电容随正向偏压按指数关系增长。

在反向偏压下，扩散电容相对于势垒电容特别小，可忽略不计。所以在反偏情况下，一般以势垒电容为主。

3.2 双极晶体管

半导体晶体管按照参与导电载流子的种类，分为单极性和双极性。电子和空穴均参与导电的为双极性晶体管（Bipolar Junction Transistor，BJT），又称晶体三极管、半导体三极管，后文简称晶体管。

3.2.1 晶体管的结构及类型

晶体管由两个相邻的PN结组成，根据两个结位置的不同，晶体管分为NPN和PNP两种类型，如图3.11所示，图（a）、图（b）分别是NPN晶体管的结构示意图和电路符号，图（c）、图（d）分别是PNP晶体管的结构示意图和电路符号。晶体管电路符号中的箭头方向代表PN结的方向。

晶体管的三个掺杂区域，称为集电区、基区、发射区，基区位于中间。由三个区引出的电极分别称为集电极（c）、基极（b）、发射极（e）。由集电区和基区组成的结称为集电结，由发射区和基区组成的结称为发射结。晶体管从表面上看是两个背靠背的PN结，但是随意的两个PN结不一定能构成晶体管。实际上，晶体管的三个区域除了掺杂类型的区别外，发射区掺杂浓度最高；基区浓度次之，但基区厚度最薄；集电区浓度最低，但面积很大。采用平面工艺制成的NPN型硅衬底晶体管的结构如图3.12所示。

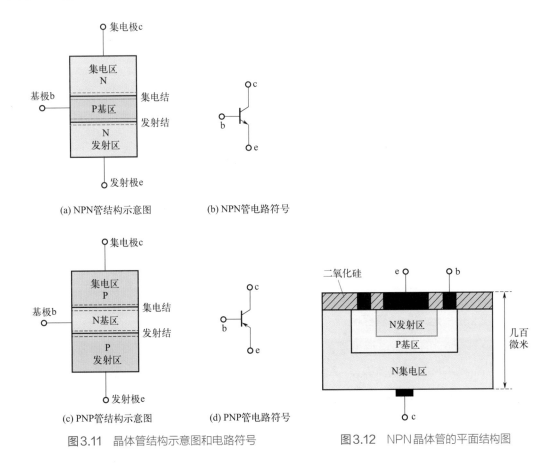

图3.11　晶体管结构示意图和电路符号　　　　图3.12　NPN晶体管的平面结构图

3.2.2 晶体管内的载流子输运

晶体管作为电路的核心器件，根据两个PN结偏置情况的不同，在电路中将有四种工作状态，见表3.1。

表3.1 晶体管的四种工作状态

序号	发射结	集电结	工作状态
1	正偏	反偏	放大状态
2	正偏	正偏	饱和状态
3	反偏	反偏	截止状态
4	反偏	正偏	倒置状态

本小节讨论PNP晶体管在一般工作模式（即放大状态）下，载流子的输运情况，这对于理解晶体管的工作原理很有帮助。NPN晶体管的输运机制的分析方法与PNP类似，将不再讨论。前提假设条件是在每个耗尽层中不存在产生-复合电流成分。图3.13是PNP晶体管在放大状态下载流子的输运情况和电流成分。

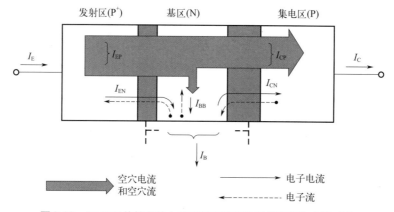

图3.13 PNP晶体管在放大状态下载流子的输运情况和电流成分

■ （1）发射结正偏，扩散运动形成发射极电流I_E

发射结加正向电压且发射区杂质浓度高，所以大量空穴因扩散运动越过发射结到达基区，构成最大的电流成分I_{EP}。与此同时，电子也从基区向发射区扩散，但由于基区杂质浓度低，所以电子形成的电流I_{EN}非常小，近似分析时可忽略不计。可见，扩散运动形成了发射极电流I_E。

■ （2）基区复合运动形成基极电流I_B

由于基区很薄，且杂质浓度很低，所以由发射区扩散到基区的空穴中有极少部分与基区电子复合，形成基区复合电流I_{BB}，又由于发射结正偏的作用，电子与空穴的复合运动将源源不断地进行。空穴流的其余部分均作为基区的非平衡少子到达集电结，被结面积较大且反偏的集电结抽取到集电区，形成I_{CP}（实际上，基区的平衡少子也参与漂移运动，但它的数量相对更少），即$I_{BB}=I_{EP}-I_{CP}$。

■ （3）集电结反偏，漂移运动形成集电极电流 I_C

除了上面讨论的 I_{CP} 部分，与此同时，集电结附近的集电区的平衡少子也参与漂移运动，形成 I_{CN}，但它的数量也很少，近似分析中可忽略不计。将集电区和基区的平衡少子在反偏的作用下进行的漂移运动而形成的电流成分，定义为反向饱和电流，用 I_{CBO} 表示。

由上述分析，可以得到晶体管各个断点的电流：

$$I_E = I_{EP} + I_{EN} \tag{3.9}$$

$$I_B = I_{EN} + I_{BB} - I_{CN} = I_{EN} + (I_{EP} - I_{CP}) - I_{CN} \tag{3.10}$$

$$I_C = I_{CP} + I_{CN} \tag{3.11}$$

从以上电流成分来看，存在以下关系：

$$I_E = I_B + I_C \tag{3.12}$$

如果大部分入射的空穴都没有与基区中的电子复合而到达集电极，则集电极的空穴电流将非常地接近发射极空穴电流。可见，由发射结注入过来的空穴可在反向偏压的集电结造成大电流，这就是晶体管的放大作用。只有当此两结彼此足够接近时才会发生，这就是要求基区做得很薄的原因，即满足基区宽度远远小于基区空穴的扩散长度。

3.2.3 晶体管的电流放大系数

晶体管在电路中作为电流放大的核心器件，一般有两种接法：共基极接法和共发射极接法。共基极接法的特点是晶体管的基极作为输入输出的公共端，共发射极接法的特点是晶体管的发射极作为输入输出的公共端。为了定量表示晶体管的电流放大能力，引入电流放大系数。

■ （1）共基极直流电流放大系数 α_0

以发射极电流作为输入电流，以集电极电流作为输出电流，忽略 I_{CBO}，α_0 近似定义为：

$$\alpha_0 = \frac{I_C}{I_E} \tag{3.13}$$

式中，α_0 表示发射极电流传输到集电极成为集电极电流的比例。α_0 越大，说明晶体管的电流放大能力越强。由前面的三端电流关系式（3.12）可知，I_C 总是小于 I_E。但对于实际的满足内部制造条件的晶体管，α_0 应非常接近于1，如 $\alpha_0 = 0.99$。

■ （2）共发射极直流电流放大系数 β_0

以基极电流作为输入电流，以集电极电流作为输出电流，忽略 I_{CBO}，β_0 近似定义为：

$$\beta_0 = \frac{I_C}{I_B} \tag{3.14}$$

β_0 有时也用 h_{FE} 来表示。

由此可以看出，在共发射极接法中，基极电流具有非常大的控制作用，I_B 控制 I_C。不论共基极接法还是在共发射极电路中，为了获得理想的 α_0 和 β_0，在同样的 I_E 下，I_B 越小越好，但I_B不能等于0。因此，晶体管的电流放大作用，必须通过晶体管内部结构和外部所加电源的极性共同来保证。

在交流的情况下，同样可以定义共基极和共发射极的电流放大系数，一般用α和β来表示。α和β的数值在低频时与α_0和β_0相差很小。

■（3）α_0和β_0之间的关系

以上讨论的是晶体管在电路中的接法不同，但是晶体管结的偏置情况是一致的，都是发射结正偏和集电结反偏，载流子输运的规律就不会因为接法的不同而改变，即不管接法如何，三端的电流I_E、I_C、I_B关系总是满足式（3.12），将式（3.12）带入式（3.13）和式（3.14）中，得到：

$$\beta_0 = \frac{I_C}{I_E - I_C} = \frac{\alpha_0}{1 - \alpha_0} \tag{3.15}$$

因为α_0接近于1，所以β_0远远大于1。

3.2.4 晶体管的直流特性曲线

晶体管的输入特性和输出特性曲线描述各电极之间电压-电流的关系。根据这些曲线可以对晶体管的性能、参数等进行分析。

3.2.4.1 共基组态

晶体管采用共基极接法［图3.14（a）］时，输入特性曲线描述集电结压降V_{CB}一定的情

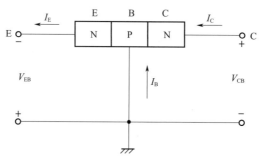

(a) 晶体管的共基极接法的原理示意图

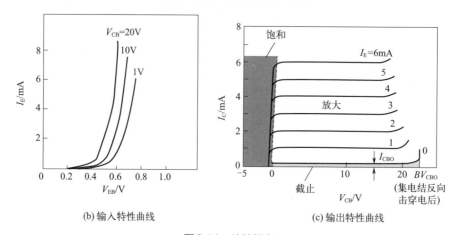

(b) 输入特性曲线

(c) 输出特性曲线

图3.14　共基组态

况下，发射极电流 I_E 与发射结压降 V_{EB} 之间的函数关系。输出特性曲线描述发射极电流 I_E 为已知常量时，集电极电流 I_C 与 V_{CB} 之间的函数关系。图3.14（b）是共基极直流输入特性曲线，图3.14（c）是共基极直流输出特性曲线，注意集电极电流和发射极电流近似相等（$\alpha_0 \approx 1$）。

3.2.4.2 共射组态

晶体管采用共发射极接法［图3.15（a）］时，输入特性曲线描述管压降 V_{CE} 一定的情况下，基极电流 I_B 与发射结压降 V_{BE} 之间的函数关系。输出特性曲线描述基极电流 I_B 为已知常量时，集电极电流 I_C 与管压降 V_{CE} 之间的函数关系。图3.15（b）是共发射极直流输入特性曲线，图3.15（c）是共发射极直流输出特性曲线。

由于晶体管大多数在电路中采用共发射极的接法，通常测量的是共发射极直流特性电流-电压曲线。从图3.15（c）中看出，当 $I_B=0$，集电极和发射极间还存在一个不为零的电流，为 I_{CEO}。晶体管的直流输出特性曲线可以分为三种工作区域，见图3.15（c）中标注。

① 截止区：其特点是发射结反向偏置或发射结正向偏置但结压降小于开启电压，且集电结反向偏置。

② 放大区：其特点是发射结正向偏置且结压降大于开启电压，同时集电结反向偏置。

③ 饱和区：其特点是发射结正向偏置且结压降大于开启电压，同时集电结正向偏置。

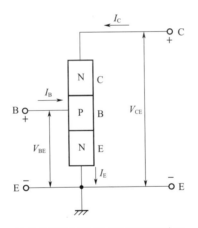

(a) 晶体管的共发射极接法的原理示意图

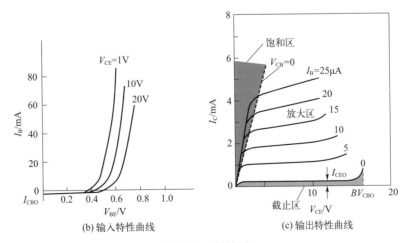

(b) 输入特性曲线　　　　(c) 输出特性曲线

图3.15　共射组态

3.2.5 晶体管的反向漏电流和反向击穿

当晶体管的三个电极中，某一个电极开路时，另外两个电极间所允许加的最高反向电压称为晶体管的极间反向击穿电压，超过此值时，晶体管的PN结会发生击穿现象。除此之外，以下几个也是晶体管的重要直流参数。

■ （1）集电极-基极反向漏电流和击穿

当发射极开路，集电结反向偏置时，集电结的反向漏电流为I_{CBO}。这实际上与单个PN结的反向饱和电流基本上相同，理想情况下都是少子的漂移电流。当改变集电结偏置电压，反向漏电流突然骤增，此时对应的电压为集电结的反向击穿电压BV_{CBO}。

■ （2）发射极-基极反向漏电流和击穿

当集电极开路，发射结反向偏置时，发射结的反向漏电流为I_{EBO}。发射结击穿时，对应的电压为发射结的反向击穿电压BV_{EBO}。

■ （3）发射极-集电极反向漏电流和击穿

I_{CEO}代表基极开路时发射极-集电极的反向漏电流。这可看成是发射极接地（共发射极），输入端（基极）开路时器件的穿透电流。这时由于集电结反偏，通过的电流即很小的I_{CBO}，但是又由于发射结正偏，BJT处于放大状态，有一定的放大作用（电流放大系数为β_0），因此通过器件的电流，即I_{CEO}为：

$$I_{CEO} = (\beta_0 + 1)I_{CBO} \tag{3.16}$$

所以，BJT的I_{CEO}要比I_{CBO}大得多。

3.2.6 晶体管的频率特性

前面讨论的是晶体管的静态特性（直流特性），没有涉及其交流特性。晶体管作为模拟电路中的核心元器件，很多重要参数都是与信号的工作频率相关的。由于晶体管中PN结电容的存在，交流电流放大系数α和β是所加信号频率的函数。在低频时，交流电流放大系数与α_0、β_0相差很小，几乎不随频率变化而变化；当频率增加时，α和β将开始下降，如图3.16所示，图中交流放大系数的数值用分贝（dB）表示，即$20\lg\alpha$、$20\lg\beta$。

在交流放大系数的频率特性曲线中，有几个重要参数，说明如下：

■ （1）共基截止频率——f_α

f_α定义为共基极电流放大系数减小到低频值的$1/\sqrt{2}$时所对应的频率，即$\alpha = \alpha_0/\sqrt{2} \approx 0.707\alpha_0$时对应的频率。或者说，$f_\alpha$为$\alpha$比$\alpha_0$减小3dB时对应的频率。它反映了晶体管共基极接法应用时的工作频率限制。

■ （2）共射截止频率——f_β

f_β定义为共射极电流放大系数减小到低频值的$1/\sqrt{2}$时所对应的频率，即$\beta = \beta_0/\sqrt{2} \approx 0.707\beta_0$时对应的频率。或者说，$f_\beta$为$\beta$比$\beta_0$减小3dB时对应的频率。

■ **（3）特征频率——f_T**

从图中可以看出，当工作频率为f_β时，β的数值还比较大，共发射极运用的交流电流放大系数仍比较可观，从一定意义上说，f_β还不能作为共发射极接法应用时的工作频率限制。于是引入另一个参数，即特征频率f_T，又称为截止频率，f_T定义为共射极电流放大系数β的绝对值变为1时的对应频率。当工作频率等于f_T时，电路中的晶体管不再具有电流放大作用。

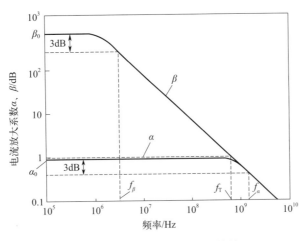

图3.16　电流放大系数的频率特性

3.3 MOSFET

半导体晶体管的另一个非常重要的器件——金属-氧化物-半导体场效应晶体管（Metal-Oxide-Semiconductor Field Effect Transistor，MOSFET），由于它几乎只靠半导体中的多数载流子参与导电，故又称单极性晶体管。

3.3.1 MOSFET的基本结构

MOSFET也有很多别名，如绝缘栅场效应晶体管（Insulated Gate Field Effect Transistor，IGFET）、金属-绝缘体-半导体场效应晶体管（Metal-Insulator-Semiconductor Field Effect Transistor，MISFET）等。图3.17是MOSFET的剖面结构示意图。图3.17（a）是N沟MOSFET，在P型衬底上通过掺杂形成两个N^+的高掺杂区域，并引出两个电极，分别为源极（S）和漏极（D），在S和D间的衬底表面上生长一层薄二氧化硅，称为栅氧化层，在栅氧化层上通过淀积长一层导电层，称为栅极（G），这层导电层如果是铝层，则称为铝栅，若是高掺杂的多晶硅，则称为硅栅。目前，CMOS主流工艺以硅栅为

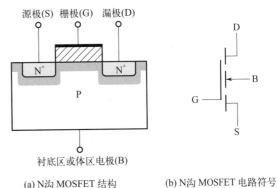

(a) N沟 MOSFET 结构　　(b) N沟 MOSFET 电路符号

图3.17　MOSFET的剖面结构示意图和电路符号

主。P型衬底为器件的衬底区，也称为体区，引出的电极用B表示。MOSFET是一个四端器件，分别具有S、D、G、B四个电极，（b）是N沟MOSFET的电路符号。由于MOSFET的结构是对称的，因此在不外加偏置电压的时候，源漏是可以互换的。MOSFET有几个比较重要的结构参数：源和漏之间的横向距离用L表示，代表沟道长度，沟道的宽度为W；栅氧化层的厚度为t_{ox}；源漏掺杂的结深，用x_j表示；衬底掺杂浓度为N_A。

3.3.2　MIS结构及其特性

MIS（金属-绝缘体-半导体）结构是MOSFET的基本组成部分，大部分绝缘体为二氧化硅，所以MIS结构也可以称为MOS结构。分析理想MIS结构的特性是理解MOSFET器件工作原理的基础。理想情况下，因为绝缘体的存在，从上往下不存在电流的通路，所以MIS结构可以看作一个电容。图3.18是以P型衬底为例的MIS结构。

图3.18　MIS结构

理想MIS结构的定义，基于以下三种假设条件：

① 金属与半导体接触时，不存在功函数差。

② 氧化层（即绝缘体层）中不含任何可动离子和固定电荷，即氧化层不导电，电阻值无穷大。

③ 氧化层与半导体界面处，不存在界面态。

以图3.18结构为例，当MIS结构加有偏置电压后，将在半导体表面产生一定的感应电荷，其电荷的种类和数量由外加偏置电压的极性和大小决定，可以归纳为下面三种情况。

■ （1）多数载流子积累状态

当外加电压$V<0$，会产生一个由半导体表面指向金属电极的垂直电场，将P型半导体内的多数载流子空穴吸引到表面，使半导体表面形成一个空穴积累层，在这种情况下，接近半导体表面的能带将向上弯曲，空穴的浓度会大量增加，如图3.19（a）所示。

■ （2）多数载流子耗尽状态

当外加电压$V>0$，垂直电场方向由金属指向半导体，会赶走表面处的空穴，吸引半导体内的少子电子到半导体表面。若V电压比较小时，主要是大量空穴流走，相对参与的电子数量非常少，当表面处空穴全部流走后，在表面处只剩下不可移动带负电的电离受主，此时半导体表面形成一个耗尽层（空间电荷区），如图3.19（b）所示。此时半导体表面处的能带只是略微向下弯曲，从图中可以看出，表面处的费米能级E_F非常接近本征费米能级E_i。

■ （3）少数载流子反型状态

当外加电压 V 继续增加后，被吸引到半导体表面处的电子数量将增多，即表面电子浓度大于空穴。由于外加电场的作用，电子在表面处聚集成为该区域的多子，称为反型载流子，这意味着表面类型将从P型转为N型，反型载流子在表面构成了一个反型层。从图3.19（c）中的能带图可以看出，在表面处的半导体费米能级 E_F 将高于本征费米能级 E_i。但是，此时反型载流子浓度相对于空间电荷区的受主电荷浓度仍很低，并不起显著的导电作用，所以称之为弱反型。

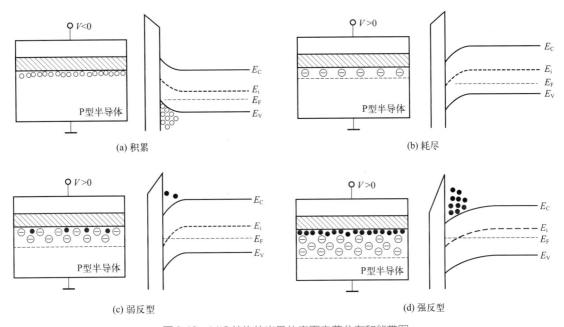

图3.19　MIS结构的半导体表面电荷分布和能带图

当外加电压继续增加，表面处的能带继续向下弯曲，表面处的积累的电子浓度继续增多。当电压增加到某一值时，表面积累的反型载流子浓度与半导体体内的多子空穴浓度相当，此时半导体表面发生强反型。E_F 更加高于本征费米能级，且接近导带底 E_C，如图3.19（d）所示。

由图3.19（b）～（d）对比可知，反型层在半导体表面处，随着反型状态的程度加强，反型层到半导体内部夹杂着的一层耗尽层（空间电荷区）逐渐加宽。

定义半导体衬底内的静电势 ψ 为0，半导体的表面电势为 ψ_s，费米势 ψ_B 定义为半导体内本征费米能级和费米能级的差值。因此以下各区间的表面电势可以分为：

① $\psi_s < 0$，空穴积累，能带向上弯曲；

② $\psi_s = 0$，平带情况，能带不弯曲；

③ $\psi_B > \psi_s > 0$，空穴趋于耗尽，能带向下弯曲；

④ $\psi_s = \psi_B$，表面处的费米能级 E_F 非常接近本征费米能级 E_i；

⑤ $\psi_s > \psi_B$，反型，能带继续向下弯曲。

当 ψ_s 大于 ψ_B 时，半导体表面发生反型，需要确定一个具体标准来表示发生强反型（图3.20）时的 ψ_s 具体大小。当反型层电子浓度与半导体体内的多子空穴浓度相等的时候，

即 $n_s = N_A$，由式 $p_0 = n_i \exp\left(\dfrac{E_i - E_F}{kT}\right) = N_A$，可以得到：

$$\psi_s \approx 2\psi_B = \frac{2kT}{q}\ln\left(\frac{N_A}{n_i}\right) \tag{3.17}$$

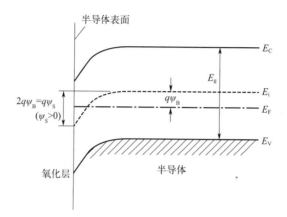

图3.20 半导体表面发生强反型时的能带图

由于外加电压 V 在氧化层和半导体表面两部分会分压，因此理想的 MIS 结构，要求发生强反型对应的外加偏置电压 V 满足：

$$V = V_O + 2\psi_B \tag{3.18}$$

式中，V_O 为降落在氧化层的电压，即：

$$V_O = -\frac{Q_B}{C_{ox}} \tag{3.19}$$

式中，Q_B 为强反型时表面耗尽层（空间电荷区）的电荷密度，对于 P 型衬底，空间电荷带负电，所以有：

$$Q_B = -\sqrt{2\varepsilon_0 \varepsilon_{ox} q N_A (2\psi_B)} \tag{3.20}$$

式中，ε_{ox} 表示二氧化硅的相对介电常数。

C_{ox} 为 MIS 结构中以二氧化硅为电介质的每单位面积的氧化层电容，即：

$$C_{ox} = \frac{\varepsilon_0 \varepsilon_{ox}}{t_{ox}} \tag{3.21}$$

由以上关系，可以得到强反型时外加偏置电压，一般称之为阈值电压，用 V_T 表示：

$$V_T = \frac{2kT}{q}\ln\left(\frac{N_A}{n_i}\right) + \frac{\sqrt{2\varepsilon_0 \varepsilon_{ox} q N_A (2\psi_B)}}{C_{ox}} \tag{3.22}$$

以上讨论的是 P 型衬底的情况，对于 N 型衬底，同样可以形成表面反型层和空间电荷区，讨论的思路与 P 型衬底的情况类似，区别是电荷、电场、电势的符号正好相反，两种载流子的作用也互相交换。值得注意的是，对于 N 型衬底的 MIS 结构，达到强反型时的外加电压值为负值。

3.3.3 MOSFET的阈值电压

MOSFET的结构可以被看成由源、漏、衬底三个区域组成的两个背靠背的PN结，若栅极无外加偏置电压，即使源漏间加有一定的电压，也没有明显的电流，只有PN结的反向饱和漏电流。以N沟MOSFET为例，当给栅极加一定的正向电压后，源漏之间的沟道会变为与衬底相反的类型，即N型，那么此时在源漏间加电压，就会有明显的电流流过。器件的导通是由栅极电压控制的，因此称这种器件为场效应晶体管，形成的反型层称之为导电沟道。

为了使MOSFET正常工作，需要在表面形成反型沟道。对于MIS结构，形成导电沟道即开始发生强反型的条件是$\psi_s=2\psi_B$。但是前面的讨论是基于理想的MIS结构。实际情况下，栅导电层与半导体接触时，存在功函数差φ_{ms}。功函数的定义是材料的费米能级和真空中静止电子的能量之差。当存在不同功函数的材料层接触时，功函数差会影响半导体表面电势，即外加偏置电压为0时，表面处的能带已弯曲，不是平带；而且，实际的绝缘层（SiO_2）中，往往存在电荷Q_{ox}，也会影响表面处的能带。因此，引入平带电压V_{FB}来描述功函数差和栅氧化层中的电荷的影响：

$$V_{FB} = \varphi_{ms} - \frac{Q_{ox}}{C_{ox}}$$ （3.23）

所以，在实际的MOSFET中，使半导体表面发生强反型时的外加偏置电压，即阈值电压V_T的完整表达式包含三部分：

$$V_T = V_O + 2\psi_B + V_{FB}$$ （3.24）

当栅压$V_G=V_T$时，反型层中的电子或空穴形成导电沟道，在源漏间加电压，就会有明显的电流流过。

3.3.4 MOSFET的直流特性

以N沟MOSFET为例，直流偏置下的器件连接状态如图3.21所示。栅、源和漏、源之间的偏置电压分别为V_{GS}、V_{DS}。一般认为接在最低电位的N^+扩散区为源，而另一个接相对较高电位的N^+区为漏。通常，对于分立器件，衬底电极和源极接在一起，作为公共端。下面从器件的I-V特性方面，进一步讲解MOSFET的工作原理。

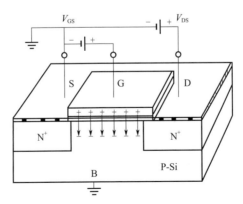

图3.21 直流偏置下的N沟MOSFET

3.3.4.1 转移特性曲线

V_{DS}恒定时，漏源电流I_{DS}和栅源间电压V_{GS}的关系称为MOSFET的转移特性。图3.22显示出了N沟MOSFET的转移特性曲线，在一定的V_{DS}下，当$V_{GS} \leqslant V_T$时，$I_{DS}=0$；当$V_{GS} > V_T$时，$I_{DS} > 0$。随着V_{GS}增大，I_{DS}的曲线斜率增大，原因是随着V_{GS}增大，形成的反型层越厚，导通沟道电阻越小，I_{DS}的增长速度越快。曲线的斜率定义为跨导g_m，其含义是：当V_{DS}恒定时，I_{DS}随V_{GS}的变化率。g_m物理量反映V_{GS}对I_{DS}的控制能力。

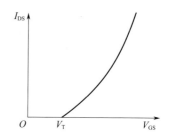

图3.22　N沟MOSFET转移特性曲线

3.3.4.2 输出特性曲线

在一定的V_{GS}下，漏源电流I_{DS}和漏源间电压V_{DS}的关系称为MOSFET的输出特性。图3.23是N沟MOSFET输出特性曲线，可以将其分成四个区域来解释。

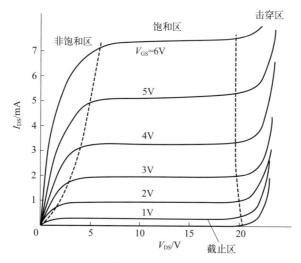

图3.23　N沟MOSFET输出特性曲线

■ （1）截止区

当栅源电压$V_{GS} < V_T$时，半导体表面未形成强反型，导电沟道载流子浓度很低，漏源电流I_{DS}很小，主要是PN结的反向饱和漏电流，MOSFET处于截止状态。

■ （2）非饱和区

非饱和区一般被分为两部分讨论。

第一部分：当栅源电压$V_{GS} \geqslant V_T$时，且V_{DS}比较小，沟道中的电子将会在电场作用下，由源极流向漏极，形成I_{DS}（电流方向为由漏极至源极）。整个沟道类似于一个电阻，I_{DS}和V_{DS}的关系遵循线性比例，所以该部分又称为线性区（图3.24）。

第二部分：V_{DS}继续增加，漏源之间的电压作用在沟道上，会影响沟道内的电荷分布，沟道中的载流子浓度从源到漏逐渐减小，沟道厚度逐渐减薄，沟道等效电阻变大，I_{DS}随V_{DS}的增加速率趋于缓慢。所以该部分又称为可调电阻区（图3.25）。

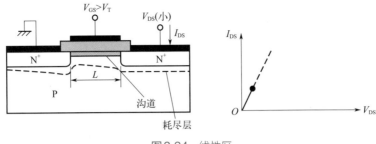

图3.24 线性区

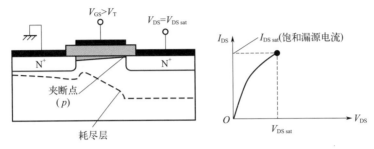

图3.25 可调电阻区

随着 V_{DS} 持续增加，直至达到临界电压 $V_{DS\,sat}$ 时，靠近漏端处的反型层厚度趋于 0，即沟道在漏端产生夹断，$V_{DS\,sat}$ 为饱和漏源电压，且 $V_{DS\,sat}=V_{GS}-V_T$。

■ （3）饱和区

当 V_{DS} 继续增加，超过 $V_{DS\,sat}$ 后，沟道夹断点会逐渐向源极靠近，从源极到夹断点的电压仍为 $V_{DS\,sat}$。夹断点到漏极是一个耗尽层，成为一个高阻区，漏源电压的大部分，即 $V_{DS}-V_{DS\,sat}$，由这个高阻区来分压。由源极经过夹断点的电子，会被这个强电场拉向漏极，即由源极流到夹断点的电子数量与由漏极流向源极的电流量保持不变。因此，沟道夹断后，若 V_{DS} 再增加，这时 I_{DS} 基本不随漏源电压的变化而变化，因此称为饱和区（图3.26）。

实际上，沟道的有效长度由 L 变为 L'，I_{DS} 随着 V_{DS} 的增加会略微增大，曲线略微上翘，但由于 L 值本身就很小，所以 I_{DS} 变化不明显。

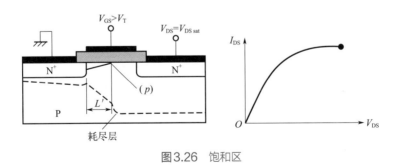

图3.26 饱和区

■ （4）击穿区

进入饱和区之后，若漏源之间的电压继续增加到一定程度时，漏极和衬底组成的 PN 结会被击穿，当 V_{DS} 达到击穿电压值 BV_{DS} 时，MOSFET 晶体管发生击穿，I_{DS} 急剧增加。

3.3.5 MOSFET的分类

上述介绍的N沟MOSFET是在P型衬底上，通过掺杂形成N^+的源漏区，其导电沟道是由电子组成的N型沟道的晶体管，N沟MOSFET简称NMOS。如果在N型衬底上制作两个P^+源漏区，其导电沟道就是由空穴组成的P型沟道，简称PMOS。这是从导电沟道的类型来区分MOSFET的类型。

如果按照工作方式来区分，又可以分成两类：增强型和耗尽型。当栅极电压为零时，不存在导电沟道，只有加一定的栅极偏压，且绝对值大于阈值电压后，才会存在N或P型沟道的，称之为增强（常闭）型MOS。若当栅极电压为零时，漏源之间就存在导电沟道，该沟道是MOSFET在制作的时候就已经形成的，只要漏源间加电压，就会有漏源电流，必须在栅极施加一定的偏压后，沟道内的载流子才会耗尽的，称之为耗尽（常开）型MOS。

按照上述的分类方法，MOSFET有四种，分别是增强型NMOS、耗尽型NMOS和增强型PMOS、耗尽型PMOS。四种类型的MOS晶体管的剖面结构图、转移特性曲线和输出特性曲线，如表3.2所示。值得注意的是，对于增强型NMOS，如前所述，其阈值电压$V_{TN}>0$；对于耗尽型NMOS，在栅压为零时，仍有较大的漏源电流，当栅压为V_{TN}，沟道消失，因此V_{TN}一般被称为耗尽型器件的阈值电压（沟道夹断电压），对于耗尽型NMOS，$V_{TN}<0$。

以上结论对于PMOS同样适用，只需相应改变极性。

表3.2 四种类型的MOSFET

类型	剖面图	转移特性	输出特性
增强型NMOS（常闭）			
耗尽型NMOS（常开）			
增强型PMOS（常闭）			
耗尽型PMOS（常开）			

本章主要介绍了三种半导体的最基本器件：PN结、晶体管和MOSFET，其中，PN结又是构成半导体器件的核心和基础。首先讨论的是P型半导体和N型半导体接触后形成的PN结及其基本特性；接着讨论了由两个PN结组成的晶体管，分析晶体管内载流子的输运情况、电流放大系数、直流特性和频率特性等；最后介绍了MOSFET，在分析理想的MIS结构及其特性的基础上，又分析了MOSFET的工作原理、阈值电压和直流特性等。

习题

一、选择题

1.在PN结中，外加反向电压超过某一数值后，反向电流突然增大，这个电压叫（　　）。

  A. 饱和电压 　　　　　　B. 击穿电压 　　　　　　C. 开启电压 　　　　　　D. 以上都不对

2.从提高共发射极的双极型晶体管的电流放大系数角度考虑，晶体管的基区宽度应该（　　）。

  A. 小于载流子扩散长度 　　B. 大于载流子扩散长度 　　C. 等于载流子扩散长度 　　D. 都可以

3.栅电压为零，沟道不存在，加上一个负电压才能形成P沟道，该MOSFET为（　　）。

  A. 增强型PMOS 　　　　B. 耗尽型PMOS 　　　　C. 增强型NMOS 　　　　D.耗尽型NMOS

4.对于N型半导体理想MIS结构，当半导体表面多子耗尽状态时，能带如何弯曲？（　　）

  A. 向下 　　　　　　　　B. 向上 　　　　　　　　C. 不变 　　　　　　　　D. 不一定

二、简答题

1.PN结的扩散电势是如何形成的？

2.PN结正偏和反偏下，能带图分别是什么样子？

3.PN结击穿有几种类型？

4.晶体管实现放大，要满足的内外条件是什么？

5.说明晶体管的共基电流放大系数和共射电流放大系数的关系。

6.解释f_α、f_β、f_T的含义。

7.MIS结构中，发生强反型时的条件是什么？

8.MOSFET的输出特性曲线，一般被分为几个区域？

9.MOSFET的阈值电压包含几部分？完整的表达式是什么？

拓展学习

    本章主要介绍的是基于硅衬底形成的半导体器件。作为第一代半导体材料的硅和锗，其研究和应用已非常成熟。在电力电子器件领域，功率半导体器件是其重要组成部分，是电力电子应用装备的基础和核心器件。随着以硅材料为基础的功率器件逐渐接近其理论极限值，利用宽禁带半导体材料制造的电力电子器件显示出比硅更优异的性能。请通过文献调研，完成一篇综述，介绍基于第二、三代半导体材料的功率器件的发展。

第 4 章

"高楼大厦" 平地起
——集成电路制造工艺技术

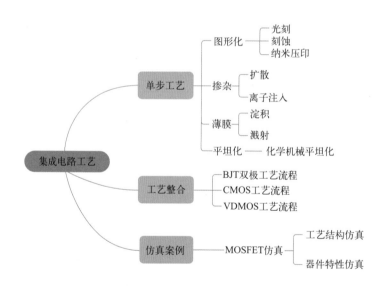

　　本章将首先介绍半导体制造的特点与环境,介绍半导体制造中常用的基本单步工艺技术;接着介绍利用这些基本单步工艺制造各种器件和集成电路的方法,即工艺集成技术;最后用EDA工具模拟仿真,通过工艺实现步骤,并根据不同工艺的特点,在仿真软件中进行工艺的建模和模拟,并通过可视化工具直接观察仿真结果,帮助读者掌握不同工艺流程的仿真方法和工艺结果。读者在学习本单元知识内容的同时,可以锻炼实践应用能力。

4.1 集成电路制造工艺特点

集成电路制造工艺,之所以被称为"工艺",主要体现于制造尺寸微小,通常以nm为单位,是肉眼不可见的精细工艺。通常集成电路工艺也被称为半导体工艺,因为其材料基础是半导体,在半导体单晶圆上进行加工。

生产过程中,集成电路工艺具有"批量生产"和"循环型工艺"的特点。批量生产,指集成电路不是一个一个生产的,而是在晶圆上一起生产,之后进行分割的。循环型工艺,指集成电路工艺是由多个单步工艺循环往复,甚至在同样的机台上多次重复的流程型工艺。下面将从宏观上的工艺环境、载体和工艺类型几方面来阐述其特点。

■ (1)环境:高洁净间

由于半导体工业所制作的集成电路元器件尺寸越来越小,在一块小小的芯片上整合了许许多多的元器件,因此在制造过程中必须防止外界杂质污染源(包括尘埃、金属离子、各类有机物等)进入,因为这些污染源可以造成元器件性能的劣化及产品成品率和可靠性的降低。制造集成电路必须在洁净的环境中进行,以尽量将污染源和硅片隔离。

洁净间(Cleanroom),就是集成电路工艺过程所处的大房间,其中空气悬浮粒子浓度、温度、湿度、压力、静电、振动、噪声等都需严格控制。

气流分布控制、过滤器、静电控制等场务系统保证洁净间的环境洁净、稳定,如图4.1洁净间场务控制系统示意图所示。除此之外,进入洁净间的工作人员需要通过风淋系统,并穿戴无尘服,如图4.2所示,以维护良好的洁净环境。无尘服的防尘、防静电标准也有严格要求。

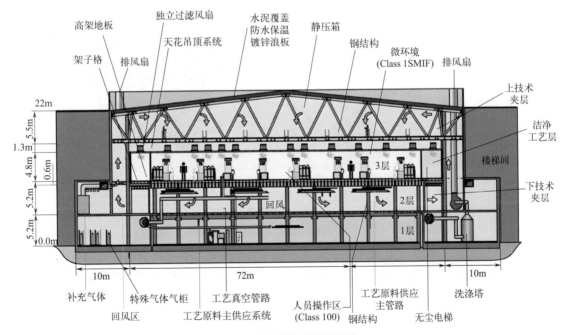

图4.1 洁净间场务控制系统

■ （2）载体：晶圆大直径化

前文提到集成电路不是一个一个制造的，而是在晶圆上一起产出再分割的。就如同纸币是在一张大纸上印刷很多张，然后裁剪出来的一样。晶圆（Wafer）作为集成电路工艺的载体，就如同那一个大的纸张，其形状为圆形。以硅晶圆为例，脱氧提纯沙子、石英，得到含硅量25％的SiO_2，再经由电弧炉提炼，盐酸氯化，并蒸馏后，得到纯度高达99%以上的晶体硅。经过高温成型，采用直拉法做成的圆形的晶柱，如图4.3所示，切片抛光得到如图4.4所示的晶圆。市面上出现的晶圆直径主要是150mm、200mm、300mm，分别对应的是6in、8in、12in的晶圆，主流是300mm，也就是12in的晶圆，占了所有晶圆的80%左右。通常来说，提升晶圆直径能够提升单晶硅的利用率，且增加批量生产效率，从而降低成本。所以晶圆呈现大直径化的趋势。但更大的晶圆尺寸意味着对生产工艺的更大挑战。单晶硅柱制作过程中，结晶时旋转速度越慢直径越大，但是可能导致由于旋转速度不稳定带来的晶格结构缺陷。并且直径越大重量越大，边缘处就更容易出现翘曲的情况。目前硅晶圆最大尺寸为450mm，但300mm仍然是主流。

图4.2　无尘服

图4.3　单晶硅柱

图4.4　晶圆

■ （3）类型：微小型化

按照集成度，即集成电路芯片中包含的元器件数目来看，集成电路的规模大致分为小规模集成电路（SSI）、中规模集成电路（MSI）、大规模集成电路（LSI）、超大规模集成电路（VLSI）、特大规模集成电路（ULSI）、巨大规模集成电路（GSI）。集成度的上升必然需要元器件的微小型化，如图4.5特征尺寸微小型化示意图所示。现如今，我们经常听到的28nm、14nm、7nm、5nm等等都是在描述集成电路的特征尺寸。元器件的特征尺寸从早期的微米级发展到了现今的纳米级。通过不断缩小的特征尺寸，不难发现集成电路在不断微小型化。

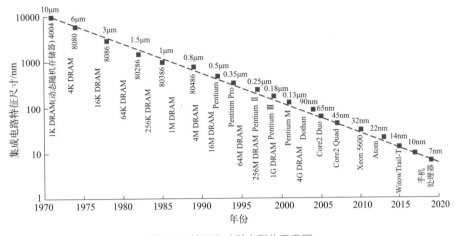

图4.5　特征尺寸微小型化示意图

4.2　基本单步工艺技术

集成电路制造工艺是多个单步工艺结合完成的，如光刻、刻蚀、离子注入、扩散、氧化、淀积、化学机械抛光等。本节将对各基本单步制造工艺进行介绍。

4.2.1　拍照技术——光刻

光刻工艺是集成电路制造的关键步骤，它对集成电路制造的重要性体现在两个方面：一是在集成电路制造过程中需要进行多次光刻，光刻成本占到集成电路制造成本的30%以上；二是光刻技术水平，包括光刻机设备，决定了集成电路中的晶体管能做到多小，进而决定集成电路的集成度和性能能够达到什么程度。

光刻的作用是将集成电路的图形逐层印制到硅片上，思想来源于历史悠久的印刷技术，所不同的是印刷通过使用墨水在纸上产生光反射率的变化来记录信息，而光刻则采用光和光敏感物质的光化学反应来实现对比度的变化。光刻工艺过程与拍照类似，是将掩膜版（Mask）携带的集成电路结构图形，"定格"和"刻画"在硅片上的过程，这个过程中需要用到的媒质是光刻胶，涉及的工艺跟传统冲洗胶卷一样，用到的核心设备就是光刻机。

4.2.1.1　工艺流程

光刻是集成电路图形化的开始，需要注意的是，光刻工艺本身不能在硅片上留下任何实质性图案形状。如果从绘画的角度来形容，光刻就像画素描和草稿。

在光刻过程中，将液态的光刻胶旋涂在高速旋转的硅片上，目的是在硅片表面上形成胶膜。然后对硅片进行前烘，经过前烘的光刻胶成为牢固附着在硅片上的一层固态薄膜。经过曝光之后，使用特定的溶剂对光刻胶进行显影，部分区域的光刻胶将被溶解掉，这样便将掩膜版上的图形转移到光刻胶上。然后，经过坚膜（后烘）和后续的刻蚀等工艺，再将光刻胶上的图形转移到硅片上。最后进行去胶，从而完成整个光刻过程，如图4.6所示。需要注意的是，光刻过程完成的是由掩膜版到光刻胶的图形转移，想要向基底材料进行图形转移，还需要经历另一单步工艺刻蚀才能完成。

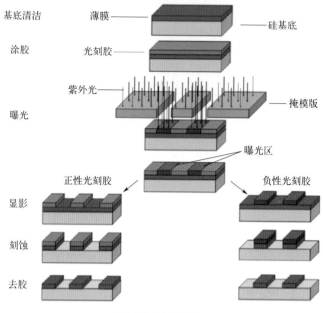

图4.6　光刻原理

4.2.1.2　掩膜版

相当于拍照对象的掩膜版，是在透光的石英基板上用铬（Cr）作为遮光材料，形成一定的图形并精确定位，以便用于光刻胶涂层选择性曝光的一种结构，称为光刻掩膜版。光刻是将掩膜版上的图形精确地转移到光刻胶上，如果铬膜有缺陷、划痕、灰尘，就会导致图形缺陷，相当于照着画的初始样例不能有缺陷一样。从这个意义上说，掩膜版的制作和管理非常重要，一般外包给专业厂家。在掩膜版上制作用于形成半导体器件的特定图形，按照器件的复杂度，需要数十甚至上百个掩膜版，重复多次完成。

4.2.1.3　光刻胶

相当于相纸的光刻胶，又称光致抗蚀剂，是一种由光引发剂（包括光增感剂、光致产酸剂）、光刻胶树脂、单体、溶剂和其他助剂（表面活性剂、匀染剂等）组成的对光敏感的混合液体。当光刻胶受到特定波长光线的辐照后，光敏化合物会发生化学反应，导致光刻胶的化学结构发生变化，使光刻胶在特定溶液中的溶解特性发生改变。光刻胶分两大类：正性光刻胶（正胶）和负性光刻胶（负胶）。如图4.7正性光刻胶、负性光刻胶成像示意图所示，正

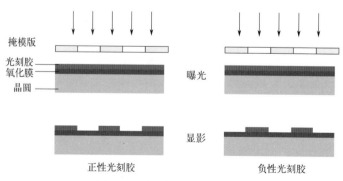

图4.7　正性光刻胶和负性光刻胶

性光刻胶的被曝光区域溶于显影剂，随后在刻蚀过程中，特定波长的光照到的区域会被刻蚀去除掉，留下的图样是工序中光线没有照到的区域，与掩膜版的图形相同。反之，负性光刻胶的被曝光区域在经过曝光后不溶于显影剂，未被光照射到的区域被刻蚀去除，最终留下的图像与掩膜版的相反。

4.2.1.4　曝光分类

按传统曝光方法，可以划分为接触式曝光、接近式曝光、投影式曝光三类光刻技术。接触式曝光，如图4.8（a）所示，是一种掩膜版直接和涂有光刻胶的晶圆接触进行曝光的方法。这种方法的优点是曝光设备的光学系统简单、价格低廉。缺点是掩膜版和光刻胶直接接触，会有晶圆上的灰尘粘到掩膜版以及硅片上的凸起划伤掩膜版的问题。另外，接触式曝光需要掩膜版覆盖晶圆的全部区域，形成光刻图形，而且掩膜版的最小尺寸图形必须和晶圆上的最小尺寸图形用同样的技术制作。将掩膜版和晶圆接触后，设置预定间隙的方法被称为接近式曝光，如图4.8（b）所示，本质上与接触式曝光没有区别。

为了解决上述接触曝光问题，已经实用化的是缩小投影曝光方法。使用光学系统将掩膜版图案缩小复制到晶圆上，因此不会发生灰尘黏附或刮伤掩膜版的问题，如图4.8（c）所示为投影式曝光。此外，由于光刻图形通常缩小到1/4或1/5，因此掩膜版图形的最小尺寸可以比光刻胶上的最小尺寸大几倍。但是，为了缩小曝光图形，它不能像接触曝光方法一样在晶圆上一次曝光，实际应采取晶圆和掩膜版相对运动，将图形复制到整个晶圆上的方法。对于掩膜版和晶圆的相对运动，有步进、重复曝光方法，还有扫描整个晶圆的扫描曝光方法。

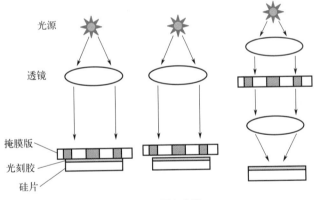

图4.8　曝光分类

4.2.1.5　EUV曝光技术

传统DUV已经能满足绝大多数需求，覆盖7nm及以上制程需求。DUV和EUV最大的区别在于光源方案。EUV的光源波长为13.5nm，但最先进DUV的光源波长有193nm，较长的波长使DUV无法实现更高的分辨率，因此DUV只能用于制造7nm及以上制程的芯片。鉴于DUV涵盖了大部分数字芯片和几乎所有的模拟芯片，完全掌握DUV技术就能在各类芯片领域有所建树。然而，随着先进制程向5nm及以下进化，追求进一步微小化工艺，EUV技术作为终极曝光技术正在被研发。

EUV（极紫外）的特点是使用了与传统曝光技术相比波长显著缩短的光源。采用的波长为13.5nm，不到ArF光源波长（193nm）的1/10。因此与常规方法相比，在曝光设备掩膜版、光刻胶等许多方面有很大变化。最大的不同是这个波长范围内透射型镜头的缩小光学系统不能使用，因此EUV曝光使用反射镜的缩小光学系统。使用多个非球面镜的反射光学系统将EUV光源反射到掩膜版上，在晶圆上形成图形。掩膜版也是反射型掩膜版，由反射EUV光的Si/Mo多层膜掩膜版构成。对EUV光的吸收剂进行刻蚀，进而形成图形。设置刻蚀停止层，保证在此层不会刻蚀Si/Mo膜。

EUV曝光设备是由ASML等海外企业主导的。因为与以往的曝光技术完全不同，所以不仅对曝光光源和光学系统进行了研发，还进行了掩膜版和光刻胶的研发。

4.2.2 沟槽技术——刻蚀

刻蚀工艺是利用光刻工艺所形成的光刻胶作为掩膜来进行微观雕刻，刻出沟槽或接触孔的沟槽技术。为了得到集成电路真正需要的图形，必须将光刻胶上的图形转移到衬底表面的材料层上。转移后衬底表面的光刻胶就不必保留了，还要经过去胶工艺将衬底表面的光刻胶去掉。此外，硅片经过刻蚀后，通常会进入新的材料生长的阶段，这一阶段的高温条件会使光刻胶分解，分解产物会对生长的材料造成污染，所以高温工艺之前必须去掉表面上的光刻胶。

常用的刻蚀方法分为湿法刻蚀和干法刻蚀两大类。湿法刻蚀是指利用液态化学试剂或溶液通过化学反应进行腐蚀的方法；干法刻蚀主要是指利用低压放电产生的等离子体中的离子或游离基（处于激发态的分子、原子及各种原子基团等）与材料发生化学反应或通过轰击等物理作用达到刻蚀的目的。

4.2.2.1 湿法刻蚀

湿法刻蚀，又称湿法腐蚀，是用液体化学试剂（如酸、碱和溶剂等）以化学方式去除硅片表面的材料。湿法刻蚀在半导体工艺中有着广泛的应用：从形成半导体硅片起，就开始利用湿法刻蚀进行磨片和抛光，以获得光滑的表面；在热氧化和外延生长前要利用湿法刻蚀对硅片进行清洗和处理等；在制造线条较大的集成电路（$\geqslant 3\mu m$）时，也可以利用湿法刻蚀的方法形成图形和在绝缘层上开窗口。

湿法刻蚀的主要优点是选择性好、重复性好、生产效率高、设备简单、成本低。主要缺点是钻蚀严重、对图形的控制性较差。在早期的集成电路工艺中，湿法刻蚀是被普遍采用的方法。由于被腐蚀的材料（例如SiO_2、Si_3N_4、多硅、金属互连层等）大多数都是非晶或多晶薄膜，而湿法刻蚀一般都是各向同性的，即横向和纵向的腐蚀速率基本相同，因此湿法刻蚀得到的图形的横向钻蚀比较严重，如图4.9所示。在采用各向同性刻蚀技术进行图形转移时，薄膜的厚度不能大于所要求分辨率的1/3，如果不能满足这个条件，则必须采用各向异性刻蚀。

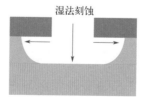

图4.9　湿法刻蚀

4.2.2.2 干法刻蚀

随着集成电路尺寸的不断缩小，湿法刻蚀不能满足超大规模集成电路工艺的要求，为了提高刻蚀的各向异性度，逐步发展出干法刻蚀的方法。

干法刻蚀是利用等离子体化学活性较强的性质进行薄膜刻蚀的技术。等离子体是气体、液体、固体之外的第四种物质状态，大致来说是电离气体。在形成真空之后，导入气体，设置产生放电所需的气体压力，对电极施加射频使其放电，产生电子与气体分子碰撞，由此生成离子和中性活性的自由基。不断重复这个过程就会产生等离子体。所以，干法刻蚀是真空工艺。

根据使用离子的刻蚀机理，干法刻蚀分为三种：物理性刻蚀、化学性刻蚀、物理化学性刻蚀。其中，物理性刻蚀又称为溅射刻蚀，方向性很强，可以做到各向异性刻蚀，但不能进行选择性刻蚀。化学性刻蚀利用等离子体中的化学活性原子团与被刻蚀材料发生化学反应，从而实现刻蚀目的。由于化学性刻蚀的核心还是化学反应，因此刻蚀的效果和湿法刻蚀有些相近，具有较好的选择性，但各向异性较差。

■ （1）物理性刻蚀

一般是通过高能（约>500V，压强<10Pa）惰性气体离子（如Ar^+等）的物理轰击作用进行刻蚀。离子入射主要以垂直入射为主，这种单纯的物理轰击的刻蚀具有高度的各向异性度，如图4.10所示，但选择性较差。在超大规模集成电路工艺中采用这种方法较少。

■ （2）化学性刻蚀

化学性刻蚀是利用放电产生的游离基与材料发生化学反应（压强一般>10Pa），形成挥发性产物，从而发生反应刻蚀。这种方法选择性好，但各向异性度较差。主要应用于去胶和要求不高的压焊点窗口刻蚀等，但不适合于细线条刻蚀。

■ （3）物理化学性刻蚀

物理化学性刻蚀是通过活性离子对目标层进行物理轰击和化学反应双重作用进行刻蚀，如图4.11所示。这种方法同时具有物理性刻蚀和化学性刻蚀两者的优点，即兼有各向异性和选择性好的优点，广泛应用于超大规模集成电路的工艺中。在CMOS工艺中，多晶硅栅、接触孔、金属连线、Si_3N_4遮挡层等均采用这种物理化学性刻蚀的方法进行刻蚀。

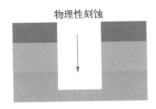

图4.10　物理性刻蚀

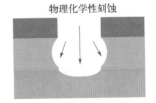

图4.11　物理化学性刻蚀

4.2.3 掺杂技术——扩散与离子注入

硅的导电特性对杂质极为敏感，在高纯硅中掺入磷（P）、砷（As）等V族元素后将变为N型的硅，掺入硼（B）等Ⅲ族元素后将变为P型的硅。半导体中杂质的浓度和分布对器件的击穿电压、阈值电压、电流增益、泄漏电流等都具有决定性的作用，因此在集成电路工艺中必须严格控制杂质的浓度和分布。芯片制造过程中，在经过光刻之后，一些特定的半导体区域需掺入杂质以改变半导体的导电性，这一步骤称为杂质掺杂。集成电路工艺中经常采用的掺杂技术主要有扩散和离子注入两种方法。扩散方法适用于结较深（$\geq 0.3\mu m$）、线条较粗（$\geq 3\mu m$）的器件，离子注入方法则适用于浅结与细线条器件，两者在功能上有一定的互补性。

4.2.3.1　扩散

扩散是微观粒子（离子、原子、分子）热运动的统计结果。扩散工艺又称热扩散，是在较高温度下，杂质原子能克服阻力进入半导体中，并在其中缓慢运动的方法。扩散总是从浓度高的地方向浓度低的地方运动。

通常，杂质在半导体内有两种扩散形式：替位式扩散和间隙式扩散。如图4.12所示，空心圆表示在晶格平衡位置的基质原子，实心圆表示杂质原子。在高温下，基质原子在格点平衡位置附近振动，基质原子有一定的概率获得足够的能量从而脱离格点成为间隙原子，产生一个空位，此时邻近的杂质原子就可以占据这个空位，这就是替位式扩散，如图4.12（a）所

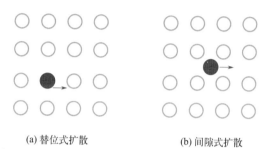

(a) 替位式扩散　　　　(b) 间隙式扩散

图4.12　扩散形式

示。如果间隙杂质原子从一个位置运动到另一个位置而且还不占据格点，称为间隙式扩散，如图4.12（b）所示，一般在杂质原子相对于基质原子较小时采用这种运动。

在扩散过程中，按各种杂质源的差别，采用的扩散方法和扩散系统也有一定差别。常见的扩散方法主要有固态源扩散、液态源扩散等。

扩散工艺通常分为两个步骤：杂质预淀积、杂质推进。这两个步骤都在扩散炉内进行，是两种不同条件下的杂质扩散过程。在预淀积过程中，进入炉中的气态杂质源在高温（$500 \sim 1100$℃）下发生气相化学反应，在硅片表面生成氧化物形式的掺杂源，进而杂质原子从氧化层转移到硅片内部晶格，并形成杂质浓度从高到低的浓度梯度分布。以P型杂质液态源BBr_3为例，它的蒸气送入高温炉管后，与O_2发生反应，生成的B_2O_3淀积在硅片表面，然后B_2O_3再使表面的Si原子氧化而释放出杂质B的原子。推进过程中，在更高温度（$1000 \sim 1250$℃）和保护气氛下使预淀积在硅片中的杂质由表面向纵深处扩散，获得期望的掺杂参数，这个过程是预淀积杂质在严格控制下的再分布。

对于杂质扩散，除了向下沿纵向扩散之外，在掩蔽窗口的边缘处，还会向侧面扩散，即横向扩散。横向扩散的宽度约为纵向扩散深度的0.8倍。而由于横向扩散，实际的扩散区就会大于设计之初掩蔽窗口的尺寸，这对制备小尺寸器件十分不利；并且横向扩散使得扩散的4角为球面状，这就会引起电场在该处的集中，导致PN结击穿电压降低。因此，在超大规模集成电路中应尽量避免横向扩散。

4.2.3.2　离子注入

较之扩散工艺的横向扩散问题，另一种掺杂工艺——离子注入有更好的控制性。离子注入是将杂质原子进行离子化，在高能电磁场作用下，提供足够的加速能量，形成高速离子束

流，入射到半导体衬底内，入射离子在半导体内逐渐损失能量，并停留在材料的某个位置上，从而导致注入层内半导体材料导电性能发生变化，达到掺杂的目的。

离子注入工艺设备是离子注入机，如图4.13所示。离子注入机价格昂贵，结构精密，大致分为离子源、质量分离器、加速器、离子束扫描和离子注入室。离子源使电子与杂质的气体分子碰撞产生所需的离子。质量分离器是利用电场和磁场作用去除不需要的离子（例如所需杂质外的离子或多价离子），而仅得到所需离子，这与质谱仪的原理相同。离子束扫描能够对离子束进行整形，并扫描离子束以将其注入半导体材料。由于是在离子状态下照射晶圆，因此离子注入机需要高真空度。

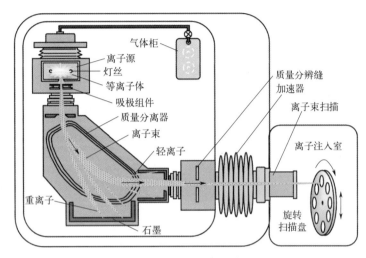

图4.13　离子注入机示意图

离子注入掺杂浓度与注入离子的剂量和时间有关，离子注入机通过测量离子束电流来监控离子注入剂量。掺杂浓度与离子的能量有关，通过调整加速器的电压控制离子的能量。如图4.14所示，通过控制能量、剂量、扫描速度可以控制掺杂浓度及结深。

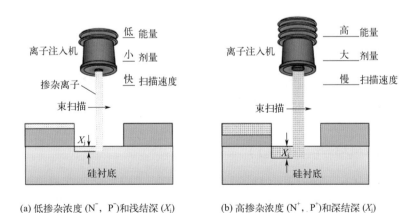

图4.14　离子注入控制性

与热扩散相比，离子注入工艺优点明显：工艺温度低；能够精确控制晶圆内杂质的浓度分布（$\ln C$）和注入的深度（x），如图4.15所示；可实现大面积均匀性掺杂，而且重复性好；掺入杂质纯度高；由于注入离子的直射性，杂质的横向扩散小，且可得到理想的杂质分布；

工艺条件容易控制。但随之而来也会有缺点，主要表现在：设备昂贵；注入过程中会有晶格损伤，即高能离子轰击晶圆时，会导致晶体的晶格破坏，从而造成损伤，必须经过加温退火工艺才能恢复晶格的完整性。此外，为了使注入杂质起到所需的施主或受主作用，形成替位式掺杂，也必须有一个加温的激活过程。恢复晶格完整性和激活工艺称为离子注入退火。

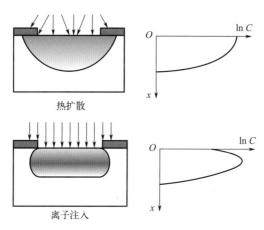

图4.15　热扩散与离子注入掺杂效果对比

4.2.3.3　退火

离子注入工艺之后，为了修复晶格损伤、激活杂质，退火工艺必不可少。退火工艺一般使用高温炉或快速热处理（RTP）。高温炉中的退火工艺同热扩散相似。RTP是通过密集钨灯或者其他热源的辐射效应，对晶圆进行快速升温和降温处理。还有一种激光退火工艺，与RTP使用的红外光（波长超过800nm）相比，激光退火使用的紫外激光器使得只有半导体材料的表面吸收热量，只有最表面熔融，再结晶化，可以产生陡峭的杂质分布曲线，被认为更适合未来微细化、极浅结工艺。

4.2.4　薄膜技术——淀积与氧化

集成电路基本上是由半导体层（包括硅晶圆）、用于供电的金属布线层、用于电气隔离的绝缘层（又称介质层）组成。在集成电路制造过程中，成膜工艺被反复运用其中，包括淀积和氧化两类。

4.2.4.1　介质化学气相淀积（CVD）

化学气相淀积（Chemical Vapor Deposition，CVD）过程是含有淀积物分子或原子的气态化合物被引入反应室，借助热、光或电产生的附加能量在晶圆表面或非常接近表面的区域发生特定的化学反应，淀积物的原子或分子在衬底上面聚集而形成固态的材料薄膜。CVD技术的主要因素是气态源、化学反应作用和设备系统。CVD技术所利用的化学反应类型主要有分解反应、还原反应、氧化反应、氮化反应等。淀积不同的薄膜材料所使用的气态源也不同。工艺均匀性和工艺控制有赖于温度控制和系统中气流的动态特性。CVD的反应室大多数工作在中、低真空环境。CVD系统应具备的基本环境是稳定流动的气相物通过被加热的衬底上方，相应在设置上具有三个独立的基本部分：气体分配系统、反应室（工艺腔）、排气系统。反应室是CVD系统的主体，根据功能的不同具有多种多样的设计和配置。比如按外形有立式和卧式，以反应器侧壁是否被加热分为热壁式和冷壁式，根据反应室内气压大小分为常压CVD（APCVD）和低压CVD（LPCVD），从为气相化学反应提供能量的方式分为热CVD和等离子体辅助CVD等。CVD技术是生长介质薄膜的最常用方法，这种技术对于衬底和材料都有广泛的适应性。

不同的系统及工艺获得的介质薄膜的性能存在差异，可以满足不同的设计要求。用于介质薄膜生长的CVD系统主要有三种类型：常压CVD（APCVD）、低压CVD（LPCVD）和等离子体辅助CVD。

4.2.4.2　金属薄膜物理气相淀积（PVD）

与CVD相比，物理气相淀积（Physical Vapor Deposition，PVD）是物理过程，常用到的工艺是蒸发、溅射和电镀。

■ （1）蒸发工艺

蒸发是将待淀积的金属放在坩埚中，通过加热熔化并变成蒸气，使金属蒸气分子在真空工艺腔中直线到达晶圆表面，凝结形成薄膜。

蒸发设备系统按蒸发源加热方式分为电阻蒸发和电子束蒸发两个主要类别。前者主要是借助大电流或射频感应涡流电流流过加热器来加热淀积材料，而电子束蒸发是借助叫做电子枪的装置发射高能电子束流直接轰击坩埚内的淀积材料来实现加热。电子束蒸发允许配置多个源进行不同金属的淀积，可提供宽范围淀积材料选择和获得高质量薄膜，包括高熔点金属。

蒸发淀积存在的最大缺点是金属薄膜的台阶覆盖能力差。如图4.16所示为台阶覆盖能力示意图。台阶覆盖能力差，难以在高宽深比的图形中形成均匀连续的薄膜。另外，对于淀积合金和精确控制组分也存在技术难题。

图4.16　台阶覆盖能力示意图

■ （2）溅射工艺

溅射是一种等离子体辅助工艺。溅射设备工艺腔是等离子体真空系统，真空系统中充入惰性气体，在高压电场作用下，气体放电形成的离子被强电场加速，轰击靶材料，使靶原子逸出并被溅射到晶圆上，如图4.17溅射过程示意图所示。

溅射设备系统可分为直流溅射、射频（RF）溅射、磁控溅射、离子化金属等离子体（IMP）溅射四种类型。这也体现了溅射淀积技术不断改进发展的过程。直流溅射对金属具有较高的溅射速率，但只局限于金属淀积；RF溅射可应用于包括介质材料在内的各种材料，但速率较低。

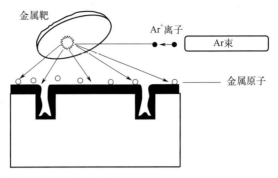

图4.17 溅射过程示意图

■ （3）电镀工艺

电镀是一种传统的金属加工技术，被引入到半导体制造中，以满足较厚金属层的加工，可镀Au、镀Cu。首先用溅射方式在晶圆目标表面覆盖一层金属薄膜作为种子层。电镀是电化学淀积过程，具有种子层的晶圆作为阴极、固体金属块作为阳极浸在电镀液中，在外电源作用下，阳极离解金属离子到达阴极晶圆表面被还原成原子。金属镀层厚度通过电镀的电流密度、时间调节。在制作热沉、空气桥、低损耗传输线、大电流负荷线和引线压点时常常选择电镀工艺，它通过光刻方法在晶圆种子层表面确定电镀区域图形，以光刻胶作掩蔽进行选择电镀。

4.2.4.3 氧化

除化学气相淀积（CVD）以外，还有一种可以做二氧化硅（SiO$_2$）膜的方法——氧化。氧化工艺又称热氧化，用到的设备就是热扩散所用到的高温炉。热氧化是利用高纯的氧气或水蒸气在热的硅片表面生长二氧化硅（SiO$_2$）的过程，生长温度通常在900～1200℃，气体源是作为氧化剂的氧气（O$_2$）、水蒸气（H$_2$O）以及载气［如氮气（N$_2$）］和作为催化气体的氯气（Cl$_2$）等。与淀积工艺不同，氧化需要与硅（Si）表面直接发生反应而生长出SiO$_2$。每形成1Å SiO$_2$，就要消耗0.44～0.46Å硅，所以通常我们说氧化工艺生长SiO$_2$是"吃硅"过程。与此相比，淀积工艺更像是平铺一层膜。

根据氧化剂类型的不同，氧化工艺可分为干氧氧化和湿氧氧化。干氧氧化要求晶圆置于完全干燥的氧气中；反应过程为：Si+O$_2$⟶SiO$_2$。干氧氧化制备的氧化层的缺陷和界面态密度低，致密性、均匀性好。而湿氧氧化用水蒸气（H$_2$O）以代替氧气作为氧化剂，与硅（Si）发生化学反应生成SiO$_2$和氢气（H$_2$）。热氧化过程中任何引入水蒸气的情况都被认为是湿氧氧化。湿氧氧化的生长速率快，但生长的SiO$_2$薄膜由于内部存在氢分子而变得比较疏松。

氧化工艺常被用于制备掺杂的掩蔽层和场氧化层，为了平衡速度与质量，常采用"干湿干"的方法，即干氧氧化+湿氧氧化+干氧氧化的方法。

4.2.5 抛光技术——化学机械抛光

最初的半导体基片（衬底片）抛光使用机械抛光的方法，例如氧化镁、氧化锆抛光等，但是得到的晶片表面损伤是极其严重的。直到20世纪60年代末，一种新的抛光技术——化学机械抛光（Chemical Mechanical Polishing，CMP）技术取代了旧的方法。CMP满足了系统级和先进CMOS数字电路的发展中多层布线的发展需求，如图4.18所示。从20世纪90年代开始，CMP的实用化不断发展，可以说没有CMP技术就没有超大规模集成电路的发展。

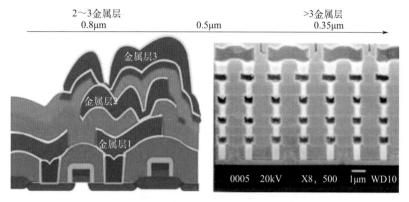

图4.18　CMP作用示意图

CMP技术综合了化学和机械抛光的优势：

单纯的化学抛光，抛光速率较快，表面光洁度高，损伤低，完美性好，但表面平整度和平行度差，抛光后表面一致性差；

单纯的机械抛光表面一致性好，表面平整度高，但表面光洁度差，损伤层深；

化学机械抛光可以获得较为完美的表面，又可以得到较高的抛光速率，得到的平整度比其他方法高两个数量级，是目前能够实现全局平面化的唯一有效方法。

依据机械加工原理、半导体材料工程学、物理化学多相催化反应理论、表面工程学、半导体化学基础理论等，对硅单晶片化学机械抛光（CMP）机理、动力学控制过程和影响因素研究表明，化学机械抛光是一个复杂的多相反应，它存在着两个动力学过程：

① 抛光首先使吸附在抛光布上的抛光液中的氧化剂、催化剂等与硅单晶片表面的硅原子在表面进行氧化还原，这是化学反应的主体。

② 抛光表面反应物脱离硅单晶片表面，即解吸过程使未反应的硅单晶重新裸露出来。它是控制抛光速率的另一个重要过程。硅单晶片的化学机械抛光过程是以化学反应为主的机械抛光过程，要获得质量好的抛光片，必须使抛光过程中的化学腐蚀作用与机械磨削作用达到一种平衡。如果化学腐蚀作用大于机械抛光作用，则抛光片表面产生腐蚀坑、橘皮状波纹。如果机械磨削作用大于化学腐蚀作用，则表面产生高损伤层。

与传统的纯机械或纯化学的抛光方法不同，CMP是通过化学和机械的组合技术，如图4.19

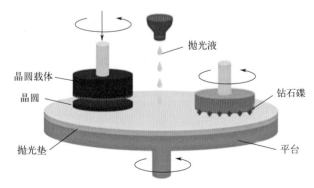

图4.19　化学机械抛光原理示意图

化学机械抛光原理示意图所示，通过两者技术相互结合避免了由单纯机械抛光造成的表面损伤，利用了磨损中的"软磨硬"原理，即用较软的材料来进行抛光以实现高质量的表面抛光，将化学腐蚀和机械磨削作用达到一种平衡。化学机械抛光是在一定压力下及抛光浆料存在下，被抛光工件相对于抛光垫做相对运动，借助于纳米粒子的研磨作用与氧化剂的腐蚀作用之间的有机结合，使被研磨的工件形成光洁表面。

抛光压力对抛光速率和抛光表面质量影响较大，是抛光工艺中的一个重要参数。一般而言，压力越大，抛光速率越大，也正是由于薄膜表面凹凸部位所受压力不同，导致了去除速率的差异，凸出的部位去除速率高，而低凹部位去除速率低，从而达到平整。但是高压抛光是产生表面缺陷（划伤、弹性形变、应力损伤）的主要来源。压力大时，磨料划过表面产生的划痕深造成表面划伤。摩擦力增大，产生大量的热量，层间抛光液又少，不能起到很好的润滑、散热作用，产生局部温度梯度，化学作用增强，抛光速率加大，更易产生橘皮等抛光缺陷。另外，压力大，抛光后氧化层表面活性大，更易吸附杂质等颗粒，使之难以清洗。同时，抛光转速增加，会引起抛光速率的增加，但是抛光转速过高时，将会导致抛光浆料在抛光垫上分布不均匀、化学反应速率降低和机械作用增强，从而影响抛光速率和质量。

抛光液是工艺过程中的重要耗材，抛光液的成分决定着抛光液的性能，抛光液中的化学成分主要用于加强抛光去除率及钝化保护凹处。影响其成分的主要因素有络合剂、表面活性剂、氧化剂、pH值、磨料。其中，络合剂能与金属离子形成络合离子的化合物，在CMP中主要作用是与表面的氧化物结合生成可溶性物质，防止对抛光表面产生划伤；表面活性剂以适当的浓度和形式存在于环境（介质）中时，可以减缓或加速材料腐蚀，得到较好的表面平坦化效果；氧化剂能够快速地在加工表面形成一层软氧化膜，软氧化膜的存在可以降低表面的硬度，便于后续的机械去除，从而提高抛光效率和表面平整度；pH值决定了最基本的抛光加工环境，会对软氧化膜的形成、材料的去除分解及溶解度、抛光液的黏性等方面造成影响；磨料的尺寸、形状、在溶液中的稳定性、在晶圆表面的黏附性和脱离性对抛光效果都有着重要的作用。

例如蓝宝石抛光液，是以高纯度硅粉为原料，经特殊工艺生产的一种高纯度低金属离子型抛光产品。蓝宝石抛光液广泛用于多种材料纳米级的高平坦化抛光，如：硅单晶片、化合物晶体、精密光学器件、宝石等的抛光加工。主要特点：

① 高抛光速率，利用大粒径的胶体二氧化硅粒子达到高速抛光的目的。

② 高纯度（Cu含量小于5×10^{-8}），有效减少对电子类产品的污染。

③ 高平坦度加工，蓝宝石抛光液是利用SiO_2的胶体粒子进行抛光，不会对加工件造成物理损伤，达到高平坦度加工。

蓝宝石抛光液根据pH值的不同，可分为酸性抛光液和碱性抛光液。根据抛光目标及工艺要求不同，抛光液配比组成也有所不同。

粒径（nm）：$10 \sim 30$，$30 \sim 50$，$50 \sim 70$，$70 \sim 90$，$90 \sim 110$，$110 \sim 130$，等等。

外观：乳白色或半透明液体。

相对密度：1.15 ± 0.05。

组成SiO_2占比：$15\% \sim 30\%$。

重金属杂质：$\leqslant 5 \times 10^{-8}$。

抛光垫是抛光液以外的另一个重要耗材。集成电路工艺的目的是平坦化，不同于传统光学玻璃与硅单晶片的抛光作用。平坦化的作用即要将硅单晶片表面轮廓凸出的部分削平，达到全面平坦化。理想的抛光垫是触及凸出面而不触及凹面，达到迅速平坦化的效果。

因此光学玻璃所使用的抛光垫，并不适合集成电路平坦化的工艺需求。就抛光垫的应用而言，对材料化学性质的需求较为单纯，一般只要耐酸碱，有一定的稳定性。但对其物理性质的要求较为严格。

4.2.6 新型微纳加工技术——纳米压印

区别于其他的光刻技术，纳米压印的基本原理是利用机械力将模板上的图形转移到压印胶上，进而再转移到衬底上，从而达到量产，是一种基于模板的图形转移技术。纳米压印技术不仅能够像传统光刻一样在衬底上制备微纳结构，同时还可以在各类聚合物中压印出各类功能器件结构，这使得纳米压印技术在电子学、光子学、数据存储和生物技术中具有广泛应用。该技术将传统的模板复型原理应用到微观制造领域，并以其低成本、高分辨率、高效率、环保性和工艺过程简单等特点，引起了各国研究人员和许多公司的广泛关注。目前，纳米压印的最小特征尺寸已达到5nm。作为一种低成本的下一代光刻技术，纳米压印技术已经应用在了光学（波导、光栅、光学镜头）、IC、纳米电子学、聚合物电子学、数据存储、生物化学、生命科学和微流体学这些领域，被誉为十大可改变世界的科技之一。

纳米压印技术的原理较为简单，如图4.20所示为周郁教授最初提出的纳米压印工艺流程示意图。纳米压印技术将具有微纳米级结构的硬质模板在固定的某一温度和压力下将图形转印到涂覆在衬底的压印胶上。压印后，将有一层残留的聚合物材料层在模板下起到缓冲层的作用，以防止模板与衬底进行直接接触导致模板的损坏，从而有效地保护模板表面精致的微纳米级图形。残留的聚合物可以通过各向异性氧等离子刻蚀工艺进行去除以实现图形最终的转移。

纳米压印技术可以根据多种不同的形式进行分类。依据不同的固化方式，纳米压印可以分为热压印、紫外压印和微接触压印，如图4.21所示。在这三者之中，热压印是最为简单的压印技术，但也具有明显缺点，热压印的高温高压环境会使得模板表面图形或热塑性材料产生热膨胀效应，这会致使后续脱模困难而结构尺寸出现误差。当结构的分辨率越小，集成度越高时，上述现象将会越严重。而相比热压印，紫外压印所需的压力小，固化时间短，能够有效地减小压印图形失真概率。此外，紫外压印的模板具有高透明性，可以与衬底进行高精度对准，与半导体器件及电路制造领域十分契合。依据不同的结构转移范围，可将纳米压印技术分为全晶片压印、步进式压印和滚动压印。在这三种压印技术中，滚动式压印可分为卷

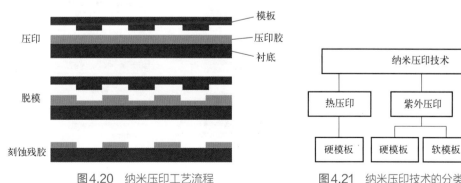

图4.20 纳米压印工艺流程　　　　　图4.21 纳米压印技术的分类和模板类型

对卷与卷对板两种方式，其中卷对卷压印技术因其高效率、花费低、可连续加工等优势，极适用于柔性薄膜压印领域。依据不同材质的模板，可将纳米压印技术分为硬压印与软压印两种形式。常用的硬压印模板材料有硅、二氧化硅、氮化硅、碳化硅等，常用的软压印模板材料有PMMA（聚甲基丙烯酸甲酯）、PDMS（聚二甲基硅氧烷）、PUA（聚氨酯丙烯酸酯）、PTEF（聚四氟乙烯）等聚合物。

4.2.6.1　热压印

热压印是1995年由Stephen Y. Chou首先提出来的，基本过程如图4.22（a）所示，包括加热-压印-降温固化-脱模。首先将聚合物旋涂在半导体晶片上，将温度升高到聚合物玻璃化温度T_g以上，此时聚合物的黏度降低，在压力作用下发生黏性流动；然后将模板放置到流动的聚合物上，在一定时间内保持压强恒定，直到聚合物完全填充模板图形的沟槽为止；接着将温度降低到聚合物玻璃化温度以下，聚合物黏度逐渐增加，图形逐渐被固化，待图形复制完成后撤压；最后去除压印残胶，通过刻蚀工艺将聚合物上的图形转移到晶片上。热压印的优点在于操作简单，但存在以下问题：加热和冷却过程耗时长，影响了加工效率；热塑性聚合物在升温和冷却过程中发生的热胀冷缩现象，导致复制图形的失真，等等。

热压印的一种改进压印技术是激光辅助直接压印（Laser Assisted Direct Imprint, LADI）技术。2002年，Stephen Y. Chou在英国《自然》（*Nature*）杂志上发表了《硅片上快速直接的纳米结构压印方法》（Ultra fast and direct imprint of nanostructure in silicon），这种压印技术被称作激光辅助直接压印技术。如图4.22（b）所示，其基本流程为：采用一束准分子激光脉冲熔融硅片表面的薄层，接着将高硬度的耐高温石英模板按压到熔融的硅片表层，待硅片表层固化后脱模。由于熔融状态的硅黏度很低，这种压印技术具有很高的分辨率，同时压印时间少于250ns。

4.2.6.2　紫外压印

紫外压印是得克萨斯大学C. G. Willson教授于1999年提出的。如图4.23所示，加工过程是：首先制备高精度的压印用模板；然后在半导体晶片表面旋涂光敏性聚合物；接着将模板

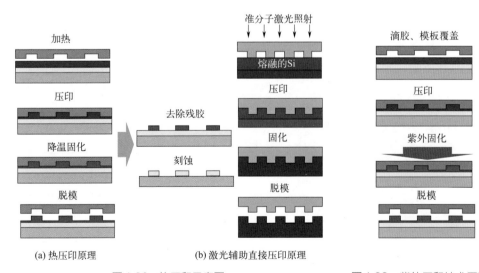

(a) 热压印原理　　　(b) 激光辅助直接压印原理

图4.22　热压印示意图　　　　　　图4.23　紫外压印技术原理图

覆盖在旋涂了聚合物的晶片上，施加一定的压力使光敏性聚合物变形，并且填充模板上图形；待聚合物完全填充模板图形区后，打开紫外灯曝光使聚合物固化；最后移开模板脱模，完成了图形从模板到聚合物的复制过程。可以看出，整个过程没有升温和降温的过程，紫外纳米压印技术常常被称为常温压印技术。和热压印相比，紫外压印的过程中不涉及由于热胀现象导致的复制图形失真和衬底变形问题，同时也不涉及由于升降温过程导致的生产效率低下问题。

但是由于紫外压印没有加热的过程，聚合物中的气泡无法排出，残留的气泡将会给复制图形带来大面积的缺陷。鉴于紫外压印技术的这一劣势，学者们提出了两种改进的紫外压印技术：一种是紫外压印和步进技术相结合的步进-闪光压印光刻（Step and Flash-Imprint Lithography, SFIL）技术，另外一种是紫外压印和热压印结合的联合热紫外压印光刻（Simultaneous Thermal and Uv Imprint Lithography, STUIL）。其中，SFIL是利用一小块模板逐步压印，将小模板上的图形依次复制到大尺寸的晶片上，最终完成了利用小模板加工大尺寸晶片的过程。除了压印设备，纳米压印技术的成本主要集中在模板制作上，而压印模板一般是利用电子束光刻制作的，小面积的模板减小电子束曝光时间，能够极大地降低模板加工的成本，也就是降低整个压印工艺的成本。同时，利用小模板逐次复制图形到大尺度晶片上加大了对加工衬底不平整度的容限。该技术是得克萨斯大学奥斯汀分校首先提出来的，目前是Molecular Imprints公司的特有技术之一。STUIL和普通紫外压印的不同之处在于，通过加热增强压印胶的流动性，完全填充模板沟槽后开紫外灯固化、脱模，完成图形的复制，目前瑞典的Obducat AB公司使用这种技术。

4.2.6.3 微接触压印

微接触压印由哈佛大学Whitesides G. M.等人于1993年提出。如图4.24所示，其方法为：将光刻胶旋涂在压印模板表面，将模板和衬底接触，模板表面的光刻胶分子与衬底表面通过物理化学作用形成自组装单分子层，从而实现纳米结构图形的转移。这种方法的优点在于能够制作大面积高质量的微纳结构，也能够图案化微纳尺度材料的表面性质和结构，使得材料选择性吸附或黏附小分子、聚合物、生物大分子和细胞。同时该技术具有成本低、设备简单、不需要苛刻实验室环境的优点，因此受到化学家、生物学家的普遍重视，在生物芯片、组织工程以及细胞生物学等领域得到了广泛应用。

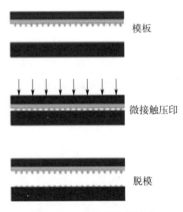

模板

微接触压印

脱模

图4.24 微接触压印技术

相比于传统的图形复制技术，纳米压印技术在微纳图形加工领域均具备低成本、高产出的巨大优势。同时，在不同的场合应选用合适的压印方法，才能够充分发挥各自的优势，上述三种压印技术的对比见表4.1。

表4.1 三种基本压印技术对比

项目	热压印	紫外压印	微接触压印
发明	1995年，Stephen Y. Chou	1996年，C. G. Willson	1993年，Whitesides G. M.
模板	Si、SiO$_2$等材料	透明材料	聚二甲基硅氧烷（PDMS）
工作温度	聚合物的玻璃化温度以上	常温	常温

项目	热压印	紫外压印	微接触压印
特点	分辨率高 深宽比大 工作温度高 工作效率低	分辨率高 室温下工作 工作效率高	对工作环境要求宽松 过程简单 效率高
改进技术	激光辅助直接压印技术	SFIL 技术 STUIL 技术	—

目前基于热压印和紫外压印两种基本技术，又衍生出了多种新的或者改进的压印方法。例如为了解决多尺度特征图形转移受力不均匀问题而提出来的组合纳米压印和光刻（Combined Nanoimprint and Photolithograpy）技术，为了解决纳米压印中热循环问题提出来的溶剂辅助微模型（Solvent-Assisted Micromolding）技术，也包括超声纳米压印光刻（Ultrasonic Nanoimprint Lithography, U-NIL）技术、静电力辅助纳米压印光刻（Electrostatic Force-Assisted Nanoimprint Lithography, EFANIL）技术，等等。

近几年来，上述压印技术在工业领域的应用取得了相当大的进展，但要作为大规模的工业生产工艺，还存在很多问题有待解决。其中，最重要的问题之一就是在大面积上成功地实施重复性好的压印产品。只有解决了这个问题，纳米压印技术才能实现高产出。为了达到大规模生产的目的，主要通过以下三种途径实现大面积压印（图4.25）：全面积纳米压印、步进式纳米压印和滚动式纳米压印。这三者均可以通过对工艺改进来增加压印的产出量。下边重点介绍滚动式纳米压印技术。

1998年，滚动式纳米压印技术被提出。该技术具有可连续制备、设备简单、产量高、成本低以及能源消耗少等显著优点，因此迅速成为最有潜力的纳米压印产业化趋势。对于传统的平板式纳米压印，压印图形同时被转移到整个样品表面上。但是对于滚动式纳米压印，压印仅发生在与模板接触的区域，大大减少了由受力不均匀和平板不平整等问题带来的负面效应。

滚动式纳米压印系统主要由三部分组成：带有灯丝加热的滚轴、可移动平台、铰链。由此可以进行两种方式的滚动式纳米压印：一种是带有图形的圆柱形滚轴在平板基底上滚动，即卷对卷；另一种直接把平板模具压在基底上，并在背面用平滑的滚轴滚压以施加压力，即卷对板。

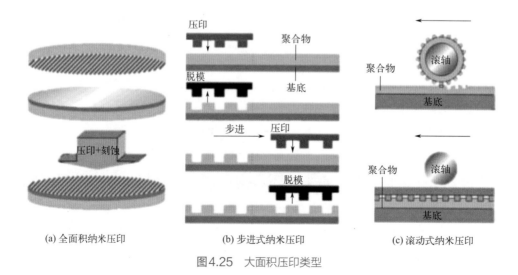

(a) 全面积纳米压印　　(b) 步进式纳米压印　　(c) 滚动式纳米压印

图4.25　大面积压印类型

4.3 | 工艺集成技术

集成电路集成度不断发展，多类器件集成在一起成为集成电路工艺发展的必然趋势。随着工艺水平的不断进步，20世纪80年代中期出现了Bipolar-CMOS-DMOS（双极-互补MOS-双扩散MOS）兼容工艺（简称BCD工艺），如图4.26所示，是意法半导体（ST）公司率先研制成功的。BCD工艺技术，在一套工艺制程中，能在一个硅片上制造出Bipolar、CMOS和DMOS高压功率器件。随着集成电路和微电子工艺的进一步发展，综合了双极器件高跨导、强负载驱动能力和CMOS集成度高、低功耗的优点，并集成了DMOS功率器件，可以在开关模式下工作，功耗极低。整合过的BCD工艺制程可大幅降低功率耗损，提高系统性能，节省电路的封装费用，并且具有更好的可靠性。之所以要用到三种工艺，而不是使用一种工艺，就是要综合三种工艺的优势，解决任何单一工艺都无法独立解决的难题。本节通过整合集成电路单步工艺，分别介绍这三类器件的制备流程。

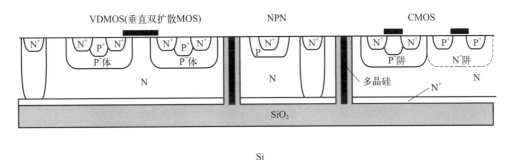

图4.26　BCD工艺典型实例

4.3.1　BJT工艺流程

双极［结］晶体管（Bipolar Junction Transistor，BJT）由三部分掺杂程度不同的半导体制成，晶体管中的电荷流动主要是由于载流子在PN结处的扩散作用和漂移运动。双极［结］晶体管分为NPN型和PNP型两种。本小节以NPN型BJT为例，结合上述集成电路单步工艺，介绍双极工艺流程。

① 热氧化。将硅片放入氧化炉中，在高温（如1100℃）下，通入氧气（干氧）氧化一定时间后，以湿氧化方法（将氧气通入沸腾的水中，让氧气携带水汽进入高温炉管中对硅片氧化）氧化一定时间，再换用氧气氧化一定时间，生成设定厚度的二氧化硅层，如图4.27（a）所示，作为埋层扩散掩蔽层。

② 光刻、刻蚀。旋转涂胶、对准、曝光、显影、去胶，光刻出掺杂窗口，定义基区位置，如图4.27（b）所示。刻蚀掉光刻窗口处的二氧化硅。

③ 扩散。对于窗口处进行基区掺杂，经过预淀积、推进、激活再分布，掺入Ⅲ族元素，如图4.27（c）所示，例如硼（B）。

④ 光刻。旋转涂胶、对准、曝光，显影、去胶，光刻出掺杂窗口，定义发射区位置，如图4.27（d）所示。

⑤ 扩散。对于窗口处进行发射区掺杂，如图4.27（e）所示，经过预淀积、推进、激活再分布，掺入Ⅴ族元素，例如磷（P），砷（As）。

⑥ 光刻。定义引线孔位置，如图4.27（f）所示。

⑦ 物理气相淀积。淀积铝，如图4.27（g）所示。

⑧ 光刻、刻蚀。刻蚀掉多余位置的铝，如图4.27（h）所示，完成有外接铝引线的NPN型双极［结］晶体管。

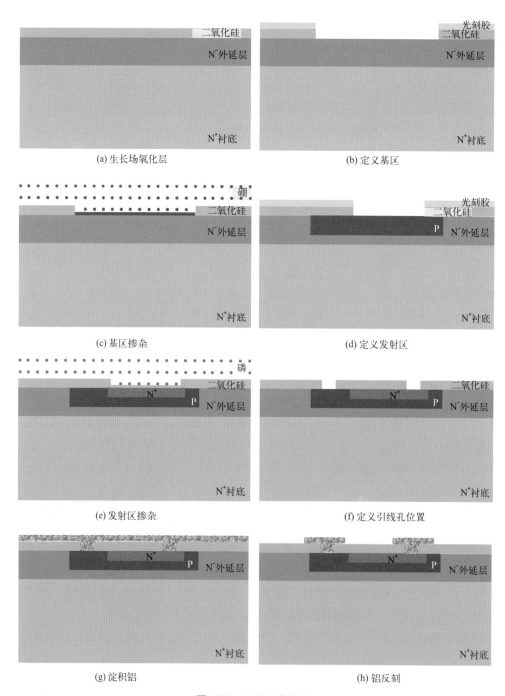

图4.27　BJT工艺流程

4.3.2　CMOS工艺流程

前面章节我们讲了MOSFET，由NMOSFET和PMOSFET构成的CMOS互补结构，电流小、功耗低、集成度高，用以制造LSI和VLSI集成电路可很好地解决功耗问题，因而CMOS工艺在集成电路中得到广泛应用。

由集成电路单步工艺完成CMOS工艺流程如下。

■ （1）浅槽隔离，定义有源区

① 热氧化。高温通入H_2O或O_2气氛，与Si衬底直接发生反应形成厚度约20nm的SiO_2薄膜，如图4.28（a）所示，缓解后续步骤形成的Si_3N_4对Si衬底造成的应力。

② 化学气相淀积（CVD）。淀积Si_3N_4薄膜，如图4.28（b）所示，该层Si_3N_4薄膜作为后续CMP的阻挡层。

③ 光刻。旋转涂抹$0.5 \sim 1.0\mu m$的光刻胶，对准曝光、显影，定义位置，用于隔离浅槽的定义，如图4.28（c）所示。

④ 干法刻蚀。基于氟的反应离子刻蚀，刻蚀掉光刻胶未挡住的Si_3N_4和SiO_2，定义晶体管有源区，如图4.28（d）所示。

⑤ 湿法刻蚀/等离子体干法刻蚀。除去光刻胶，如图4.28（e）所示。

⑥ 化学气相淀积（CVD）。用氧化物填充隔离浅槽，厚度约$0.5 \sim 1.0\mu m$，与浅槽深度和几何形状有关。

⑦ 化学机械抛光（CMP）。CMP除去表面的氧化层，到阻挡层Si_3N_4为止。

⑧ 湿法刻蚀。热磷酸（H_3PO_4）湿法刻蚀，约80℃，除去Si_3N_4。

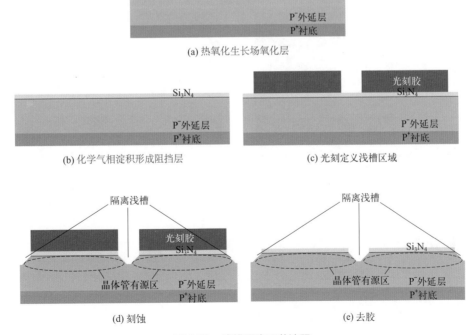

图4.28　浅槽隔离工艺流程

■ （2）CMOS双阱工艺，形成N阱、P阱（图4.29）

图4.29　双阱工艺形成N阱P阱

① 光刻。旋转涂胶，涂敷较厚光刻胶，用于阻挡后续离子注入。对准曝光、显影，用于N⁻阱的定义。

② 离子注入。高能磷离子注入，在光刻胶未覆盖区域，形成局部N型区域，用于PMOS制备。

③ 湿法刻蚀。除去光刻胶。

④ 循环以上三个步骤，高能硼离子注入形成局部P型区域，用于NMOS制备。

⑤ RTP退火。在$600 \sim 1000℃$的H_2环境中加热，修复离子注入造成的Si表面晶体损伤，并对注入杂质进行电激活，快速热处理（RTP）可以减少退火过程中的杂质的扩散。

N阱和P阱的形成过程如图4.30和图4.31所示。

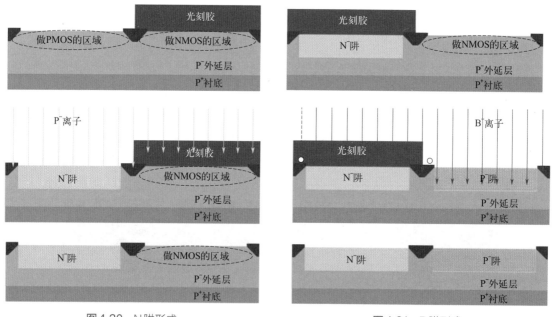

图4.30　N阱形成　　　　　　　　　图4.31　P阱形成

■ （3）栅极制备

① 热氧化。干氧氧化，使栅氧化层生长，厚度$2 \sim 10nm$（精确±1Å），用作晶体管的栅绝缘层，如图4.32所示。

② 化学气相淀积。多晶硅淀积，厚度$150 \sim 300nm$，淀积出多晶硅栅，如图4.33所示。

③ 光刻。工艺中最关键的图形转移步骤，该层的光刻胶厚度比其他步骤要薄，如图4.34

所示，使用更为先进的曝光技术，栅长的精确性是晶体管开关速度的首要决定因素，因此工艺要求更为严格。

④ 干法刻蚀。采用基于氟的反应离子刻蚀（RIE）方法刻蚀多晶硅，必须精确地从光刻胶得到多晶硅的形状，如图4.35所示。

⑤ 湿法刻蚀。除去光刻胶，如图4.36所示。

⑥ 热氧化。多晶硅氧化，即在多晶硅表面生长薄氧化层，如图4.37所示，用于缓冲隔离多晶硅和后续步骤形成的Si_3N_4。

■ （4）管衔接注入

① 光刻。旋转涂胶、对准曝光、显影，光刻控制衔接注入位置。

② 离子注入。NMOS、PMOS分别衔接注入，如图4.38和图4.39所示。低能量、浅深度、低掺杂的离子注入。NMOS衔接注入As^-，PMOS衔接注入BF_2^+。衔接注入用于削弱栅区的热载流子效应。

③ 湿法刻蚀。分别在NMOS衔接注入和PMOS衔接注入后去除光刻胶。

■ （5）侧墙形成（图4.40）

① 化学气相淀积。淀积厚度120～180nm的Si_3N_4。

② 干法刻蚀。反应离子刻蚀水平表面的薄层，Si_3N_4被刻蚀，留下隔离侧墙。侧墙精确定位晶体管源区和漏区的离子注入。

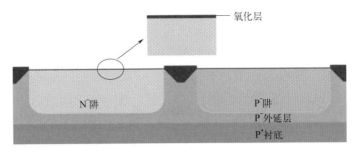

图4.32　氧化生长栅氧化层

图4.33　淀积多晶硅

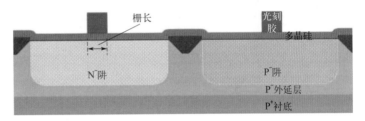

图4.34　光刻胶定义栅极位置

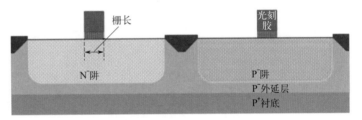

图4.35　刻蚀多晶硅栅

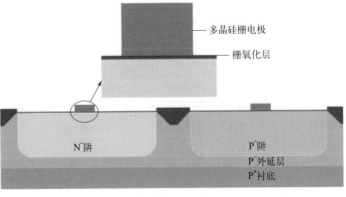

图4.36　去胶

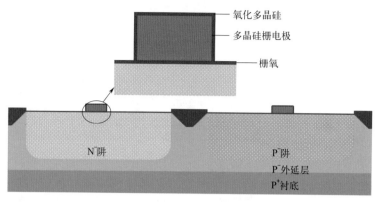

图4.37 多晶硅氧化

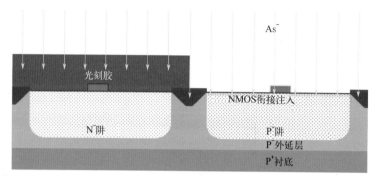

图4.38 NMOS衔接注入

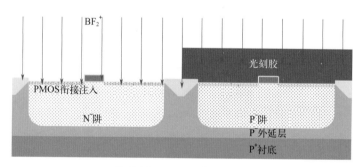

图4.39 PMOS衔接注入

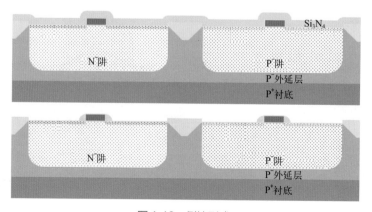

图4.40 侧墙形成

■（6）源/漏注入

① 光刻。旋转涂胶、对准曝光、显影，光刻分别控制源/漏注入位置。

② 离子注入。浅深度、重掺杂的离子注入，NMOS区注入As^-，PMOS区注入BF_2^+，形成重掺杂的源/漏区，如图4.41和图4.42所示。隔离侧墙阻挡了栅区附近的注入。

③ 退火。RTP工艺退火，消除杂质在源/漏区的迁移。

④ 湿法刻蚀。分别在NMOS源/漏注入和PMOS源/漏注入后去除光刻胶，形成电子器件，如图4.43所示。

■（7）接触孔形成

① 湿法刻蚀。除去表面氧化物，在HF溶液中快速浸泡，使栅、源、漏区的Si暴露出来。

② 物理气相淀积。采用溅射工艺，淀积厚度20～40nm的Ti，淀积在整个晶圆表面，如图4.44所示。

③ 快速热处理（RTP）。800℃下通入N_2，在Ti和Si接触的区域形成$TiSi_2$，如图4.45所示，其他区域的Ti没有变化，这种方法称为自对准硅化物工艺。

④ 湿法刻蚀。未参加反应的Ti通过$NH_4OH+H_2O_2$被刻蚀。$TiSi_2$保留下来，形成Si和金属之间的欧姆接触，如图4.46。

⑤ 化学气相淀积。硼磷硅玻璃（BPSG）淀积，厚度约1μm。SiO_2掺杂少量硼和磷，改善薄膜的流动性和禁锢污染物的性能。这一层用来绝缘隔离器件和第一层金属。

⑥ 化学机械抛光。硼磷硅玻璃（BPSG）化学机械抛光，在BPSG层

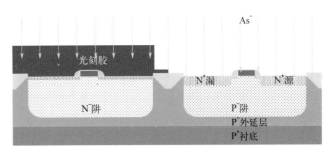

图4.41　NMOS源/漏注入

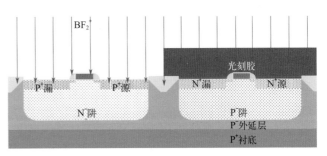

图4.42　PMOS源/漏注入

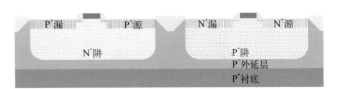

图4.43　完成晶体管源/漏极，电子器件形成

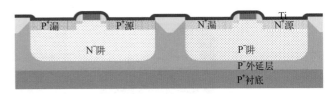

图4.44　Ti淀积

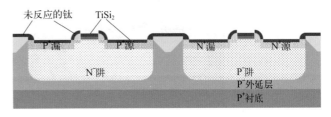

图4.45　$TiSi_2$形成

上获得一个光滑的表面，如图4.47所示。

⑦ 光刻。旋转涂胶、对准曝光、显影，用于定义接触孔，如图4.48所示。

⑧ 干法刻蚀。接触孔刻蚀，基于氟的RIE，用于获得垂直的侧墙，使金属和底层器件连接，再去胶。

⑨ 物理气相淀积。采用溅射工艺淀积厚度约20nm的TiN，如图4.49，有助于后续的钨层附着在氧化层上。

⑩ 化学气相淀积。钨淀积，填充接触孔（Contacts），厚度不少于接触孔直径的一半，如图4.50所示。

⑪ 化学机械抛光。钨化学机械抛光，除去表面的钨和TiN，留下钨塞填充接触孔，如图4.51所示。

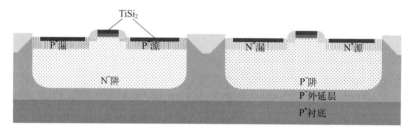

图4.46　Ti被刻蚀

图4.47　BPSG淀积、抛光

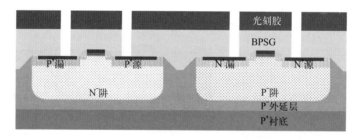

图4.48　接触孔定义

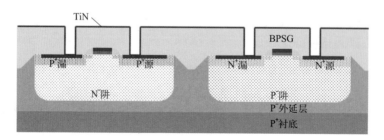

图4.49　TiN淀积

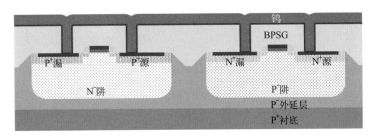

图4.50 钨淀积

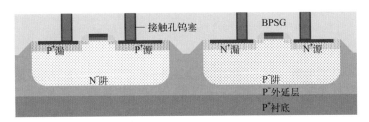

图4.51 钨抛光

■ （8）金属互连线形成

① 物理气相淀积。类似于接触孔溅射，Ti、TiN、Cu多层淀积，构成Metal（金属层）1，如图4.52。大量Cu淀积使用电镀工艺。

② 光刻、刻蚀。完成Metal1定义和刻蚀，如图4.53和图4.54所示。由于Metal1由多金属组成，所以需要多个刻蚀步骤。

③ 化学气相淀积。金属绝缘体（IMD）淀积，厚度约1μm。填充未掺杂的SiO_2在金属层之间，提供金属层之间的绝缘隔离。

④ 化学机械抛光。金属绝缘体（IMD）抛光，如图4.55所示。

⑤ 光刻、刻蚀。定义通孔（Via Hole），并基于氟的RIE，获得垂直的侧墙，提供金属层之间的连接，如图4.56。再去除光刻胶。

⑥ 淀积。TiN和钨淀积，用于同第一层互连，完成通孔，如图4.57所示。

⑦ 类似于Metal1工艺过程，制备Metal2、Metal3等，实现多层布线。厚度和宽度相应增加，连接更长的距离，承载更大的电流。Metal2的制备如图4.58～图4.60所示。

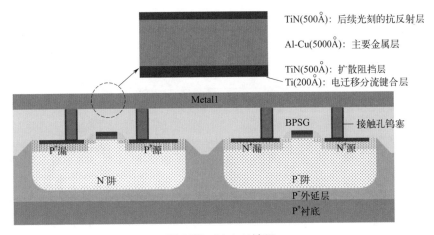

图4.52 Metal1淀积

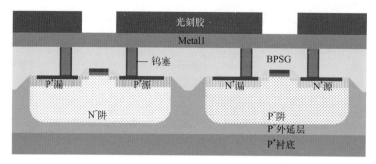

图4.53　光刻定义位置

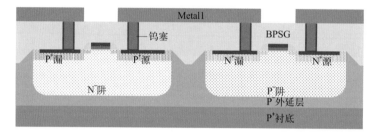

图4.54　Metal1 刻蚀、去胶

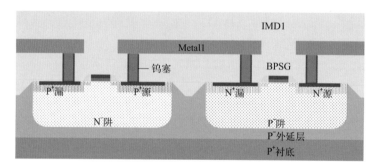

图4.55　IMD淀积、抛光

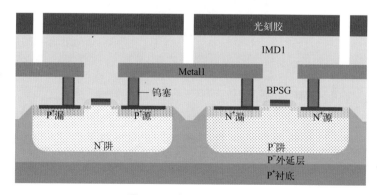

图4.56　光刻、刻蚀通孔

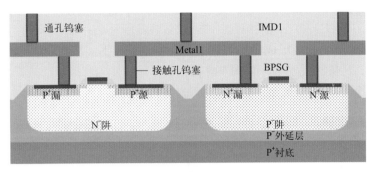

图4.57 钨和TiN淀积和抛光

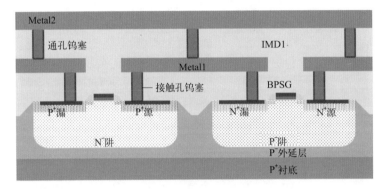

图4.58 Metal2淀积

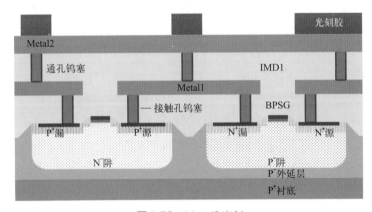

图4.59 Metal2光刻

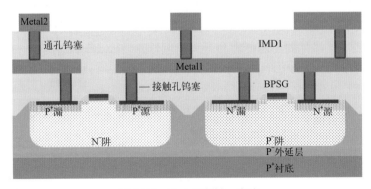

图4.60 Metal2刻蚀、去胶

① 淀积。钝化层淀积，形成多种可选的钝化层，如 Si_3N_4、SiO_2 和聚酰亚胺等，用于保护电路免受刮擦、污染和受潮等，如图4.61所示。

② 光刻、刻蚀。钝化层成型，如图4.62所示。压焊点打开，提供外界对芯片的电接触。

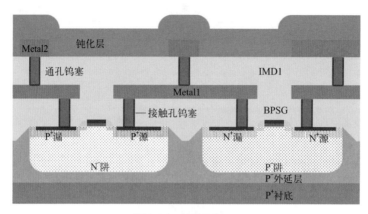

图4.61　钝化层淀积

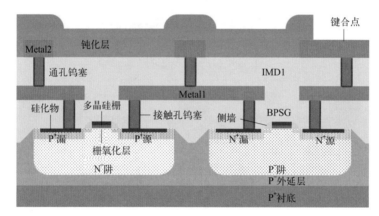

图4.62　钝化层成型

4.3.3　VDMOS工艺流程

垂直导电型MOS功率场效应晶体管（简称VDMOS管），不仅全部保留了MOS管的优点，而且由于具备短沟道、高电阻漏极漂移区和垂直导电结构等特点，大大提高了器件的耐压能力和开关速度。

与CMOS工艺对比，CMOS采用水平结构，器件的源极S、栅极G和漏极D均被置于硅片的一侧；VDMOS器件（图4.63）具有横向布置的源电极和栅电极，并且有由 N^+ 衬底和 N^- 外延构成的垂直方向的漏区。硼、磷（或砷）两次扩散（或注入）的横向结深之差形成沟道长度；自对准的多晶硅栅用作金属化的第一层，接出栅极；铝作为金属化的第二

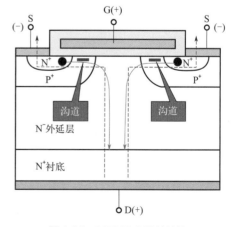

图4.63　VDMOS器件结构

层，接出源极；漏极由N^+衬底背金后固定在基座上接出。采用多元胞并联以增大通态电流。引入体PN结来承受电压，为此设置了高阻厚外延层，以此来提高电压。为避免高电压下的表面击穿，又引入了场板、电场环等终端结构。N沟VDMOS管靠N^+型沟道来导电，由于电子的迁移率比空穴高3倍左右，从增大导通电流或减小面积考虑，一般常用N沟器件。

4.4 基于EDA工具的工艺模拟仿真

　　EDA（Electronic Design Automation）即电子设计自动化，指利用计算机辅助设计软件来完成超大规模集成电路（VLSI）芯片的功能设计、综合、验证、物理设计（包括布局、布线、版图、设计规则检查等）等流程的设计方式，EDA也开始在早期工艺研发中介入，帮助解决更复杂的设计规则以及种种难题。由于半导体产业的规模日益扩大，EDA扮演越来越重要的角色，可以说EDA架起了设计与制造沟通的桥梁。同时，先进工艺不断迭代也驱动了EDA的创新。本节介绍基于EDA工具如何进行工艺模拟及仿真。

4.4.1　工艺模拟仿真工具

　　在竞争异常激烈的半导体行业中缩短开发周期，以更低的时间成本将产品推向市场，是企业生存与发展的重中之重，这时计算机辅助工具进入人们视野。下面介绍几种应用比较广泛的仿真工具。

　　① ATHENA/ATLAS，ATHENA是一种工艺过程的虚拟仿真软件，其主要功能是对设备的流程进行模拟；ATLAS是设备的虚拟仿真软件，主要用于对设备的性能曲线进行模拟。

　　② Deckbuild，是模拟软件中的一款关键工具，具有 Extract（提取）的特性，能够为用户提供多种相关的工艺参数，包括但不局限于氧化层生长厚度、开启电压数值、击穿电压数值。

　　③ TonyPlot，是一个通用的可视化的工具，提供了强大的绘图功能，使用者可以通过它来学习各种半导体元件的特性，并输出一维坐标数据、二维结构参数、Simth图表等。

　　④ DevEdit，可以被用来产生、编译、转换、结合和改进半导体装置的结构。

　　完整的工艺仿真流程如图4.64所示。

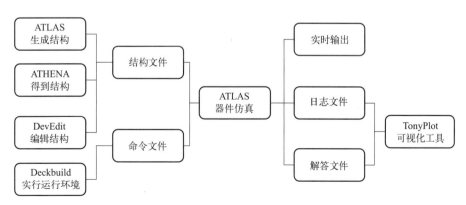

图4.64　工艺仿真流程

4.4.2　MOSFET工艺模拟实例

启动Deckbuild以后进入ATHENA编译器进行代码的编写。在文本窗口中创建和编译仿真程序。启动ATHENA，在Deckbuild操作界面下输入Go athena的命令模式。前一节介绍了工艺仿真的流程，这一节以NMOS为例，开始深入介绍基于EDA工具仿真MOSFET的工艺流程。

4.4.2.1　定义网格

在工艺仿真之前需要先定义衬底，在衬底的基础上再经过一系列工艺步骤来生成结构。EDA工具是基于网格计算的有限元的仿真工具，也就是在网格点处计算其特性。而且网格点的总数不能超过20000个，网格点的多少决定了仿真的精确程度和快慢，所以合理地定义网格分布很重要。

定义网格线的命令为line，参数主要有x、y、location（可简写为loc）、spacing、tag等。x和y参数设定网格线垂直于x轴或y轴，loc设定网格线在轴上的坐标，spacing设定在该loc处邻近网格线的间距，loc和spacing的默认单位都是μm。

如果在几个loc处的spacing都是一样大小，那么网格线都是均匀分布的，如图4.65。如果spacing不一样，EDA工具会自动调整并尽量使loc处的spacing和设定的值保持一致，这时网格线就是不均匀的了，如图4.66。

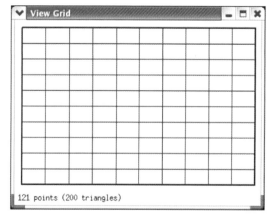

图4.65　均匀网格

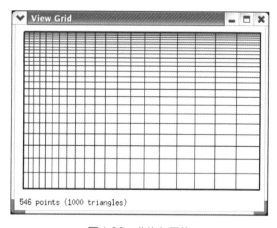

图4.66　非均匀网格

ATHENA的网格是由连接着三角形的一些点（Point）组成的，每一个点有一个或多个节点（Node）与之对应。如果Point在一个材料或区域内部，则对应一个Node；如果在集中材料的交界处，则对应多个Node。每一个Node又代表特定区域、特定材料在该Point处的一些状态值（Solution），如掺杂浓度、迁移率和电场强度等，真正决定计算量的是Node数目而不是Point数，所以网格定义对仿真结果非常关键。通常在最需要精确计算其特性的地方就定义得密一些，如样品表面要比衬底底部定义得密一些，异质结界面、材料厚度很薄的外延等处也要密一些。网格定义得更精细，仿真精确性也会相应改善，但仿真速度将会变慢，其收敛性也会受到影响。

4.4.2.2　初始化衬底

网格定义了之后就是对衬底进行初始化，初始化的命令是initialize，initialize可简写为init。可以对衬底的材料、晶向、掺杂等进行定义。

为NMOS定义非均匀网格0.6μm×0.8μm，并初始化衬底。如图4.67所示，晶向是<100>的硅衬底，对于Concentration栏，通过滚动条或直接输入选择理想浓度值为1.0，而在Exp栏中选择指数的值为14。这就确定了背景浓度为1.0×10^{14}原子/cm^3，也可以通过以$\Omega \cdot cm$为单位的电阻系数来确定背景浓度。结果如图4.68所示。

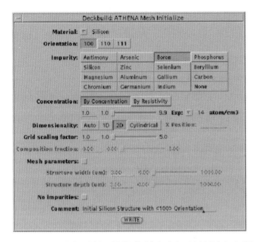

图4.67　通过网格初始化菜单定义初始的衬底参数

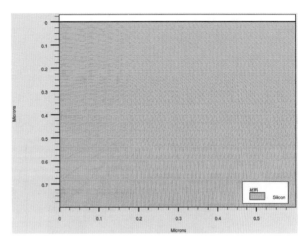

图4.68　初始衬底

4.4.2.3　工艺步骤

ATHENA工艺仿真器可以对很多工艺进行仿真，这些工艺包括implant、diffusion、oxidation、etch、CMP、deposition、bake、exposure、develepment、imaging和silicidation等。

■ （1）栅极氧化

通过干氧氧化在硅表面生成栅极氧化层，条件是1atm（1atm＝101325Pa），950℃，3%HCL，11min。为了完成这个任务，可以在ATHENA的Commands菜单中依次选择Process和Diffuse…，ATHENA Diffuse菜单将会出现。

如图4.69所示，在Diffuse菜单中，将Time（minutes）从30改成11，Tempreture（℃，

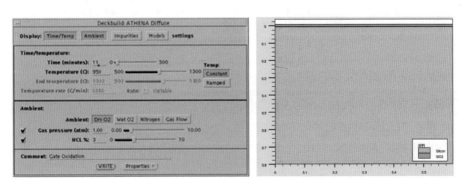

图4.69　由扩散菜单定义的栅极氧化参数

即图4.69中的C）从1000改成950，Constant温度默认选中；在Ambient栏中，选择Dry O_2（即图4.69中的Dry O2）项，分别检查Gas pressure和HCL栏，将HCL改成3%；在Comment栏里输入Gate Oxidation，并点击WRITE键。

■ （2）离子注入

离子注入是向半导体器件结构中掺杂的主要方法。在ATHENA中，离子注入是通过可在ATHENA Implant菜单中设定的Implant语句来完成的。这里要演示阈值电压校正注入的方法，条件是杂质硼的浓度为$9.5 \times 10^{11} cm^{-2}$，注入能量为10keV，Tilt为7°，Rotation为30°。由于离子沟道效应，在注入前需要将硅片倾斜旋转。在Impurity一栏中选择Boron；通过滚动条或者直接输入的方法，分别在Dose和Exp：这两栏中输入值9.5和11；在Energy、Tilt以及Rotation这三栏中分别输入值10、7和30。

通过TONYPLOT分析硼掺杂特性。硼杂质的剖面形状可以通过2D Mesh菜单或TONYPLOT的Cutline工具进行成像，如图4.70所示。在2D Mesh菜单中，可以显现硼杂质的剖面轮廓线。另一方面，在二维结构中运行Cutline工具可以创建一维的硼杂质的横截面图。

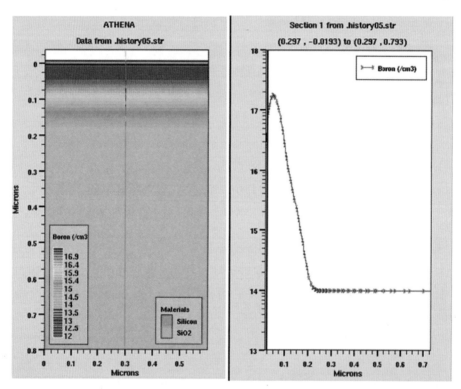

图4.70　演示结构的垂直方向截面图

■ （3）多晶硅层的淀积

淀积可以用来产生多层结构。共形淀积是最简单的淀积方式，可以在各种淀积层形状要求不是非常严格的情况下使用。NMOS工艺中，多晶硅层的厚度约为2000Å，因此可以使用共形多晶硅淀积来完成。为了完成共形淀积，从ATHENA Commands菜单中依次选择Process、Deposit和Deposit…菜单项。如图4.71所示，ATHENA Deposit菜单，在Material菜单中选择Polysilicon，并将它的厚度值设为0.2；在Grid specification参数中，点击Total number of grid layers 并将其值设为 10。在一个淀积层中设定几个网格层通常是非常有用的。在这里，我们需要 10 个网格层用来仿真杂质在多晶硅层中的传输。设置完成后，多晶硅层的共形淀积如图 4.72 所示。

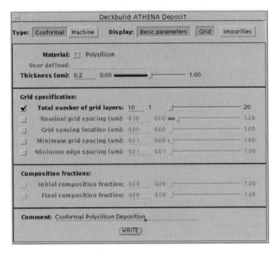

图 4.71　多晶硅淀积界面

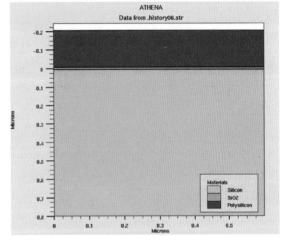

图 4.72　多晶硅层的共形淀积

■ （4）几何图形刻蚀

接下来就是多晶硅的栅极定义。这里我们将多晶硅栅极的左边边缘定为 $x=0.35\mu m$，中心定为 $x=0.6\mu m$。因此，多晶硅应从左边 $x=0.35\mu m$ 开始进行刻蚀。将 Etch location 一栏的值设为 0.35，如图 4.73 所示。定义完成后，刻蚀结果如图 4.74 所示。

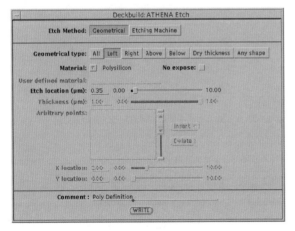

图 4.73　几何刻蚀界面

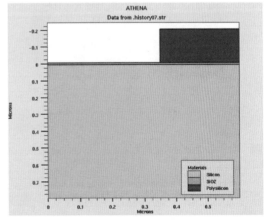

图 4.74　刻蚀多晶硅以形成栅极

■ （5）多晶硅氧化

接下来需要演示的是离子注入之前对多晶硅进行的氧化处理。具体方法是在 900℃，1atm 下进行 3min 的湿氧化。因为氧化过程要在非平面且未经破坏的多晶硅上进行，我们要使用被称为 Fermi 和 Compress 的两种方法。Fermi 法用于掺杂浓度小于 $1\times10^{20}cm^{-2}$ 的未经破坏的衬底，而Compress法用于在非平面结构上仿真氧化和二维氧化。氧化仿真结果如图4.75所示。

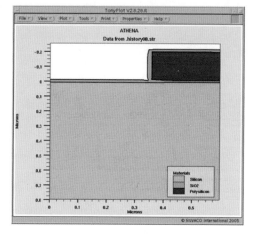

图4.75　多晶硅氧化后形成的氧化层

■　（6）多晶硅掺杂

在完成了多晶硅氧化之后，接下来要以磷为杂质创建一个重掺杂的多晶硅栅极。这里杂质磷的浓度为$3×10^{13}cm^{-3}$，注入能量为20keV。为了演示多晶硅掺杂这一步骤，将再一次使用ATHENA Implant菜单。在Commands菜单中，依次选择Process和Implant，出现ATHENA Implant菜单。在Impurity栏中，将Boron改为Phosphorus；在Dose和Exp：两栏中分别用滚动条或者直接输入的方式输入值3、13；在Energy、Tilt和Rotation中分别输入值20、7、30。

为了看到注入磷后的轮廓图，可在Display（2D Mesh）菜单中点击Define子菜单并选择contours…，TONYPLOT：contours弹出的窗口将会出现。在Quantity选项中，默认选为Net Doping，得到图4.76。再将Net Doping改为Phosphorus，得到图4.77。

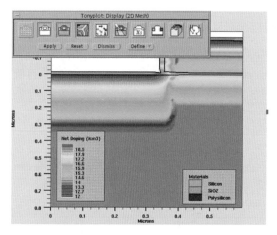

图4.76　多晶硅注入离子后的净掺杂轮廓图

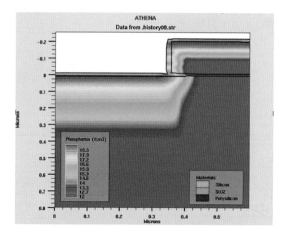

图4.77　注入磷杂质的侧面轮廓图

■　（7）隔离氧化层淀积

在源极和漏极植入之前，首先需要演示的是隔离氧化层的淀积。这里隔离氧化层淀积的厚度为0.12μm。这可通过ATHENA Deposit菜单实现，在Material菜单中选择Oxide，并将其厚度值设为0.12，将Grid specification参数Total number of grid layers设为10。隔离氧化层淀积后的结构网络如图4.78。

■　（8）侧墙氧化隔离层的形成

为了形成侧墙氧化隔离层，必须进行干刻蚀，如图4.79所示。可以通过ATHENA Etch菜单来完成。在Etch菜单的Geometrical type一栏中，点击Dry thickness；在Material一栏中，选择Oxide；在thickness栏中输入值0.12。

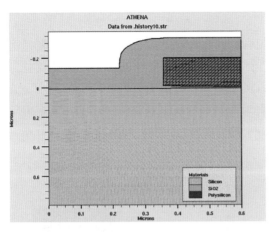

图4.78　隔离氧化层淀积后的结构网格

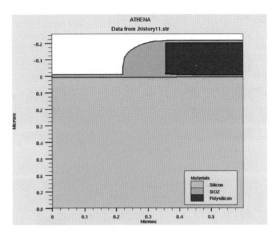

图4.79　干刻蚀后侧墙氧化层的形成

■ （9）源/漏极注入和退火（图4.80）

要形成NMOS器件的重掺杂源/漏极，就需要进行砷注入。砷的浓度为5×10^{15}原子/cm^3，注入能量为50keV。在Impurity栏中将注入杂质从Phosphorus改为Arsenic，分别在Dose和Exp：中输入值5和15，在Energy、Tilt和Rotation中分别输入值50、7、30。

紧接着是一个短暂的退火过程，条件是1atm，900℃，1min，氮气环境。在Diffuse菜单中，将Time和Tempreture的值分别设为1和900；在Ambient栏中，点击Nitrogen；激活Gas pressure，并将其值设为1。从图4.80中可以看出短暂的退火过程将杂质离子从MOS结构的表面转移走了。

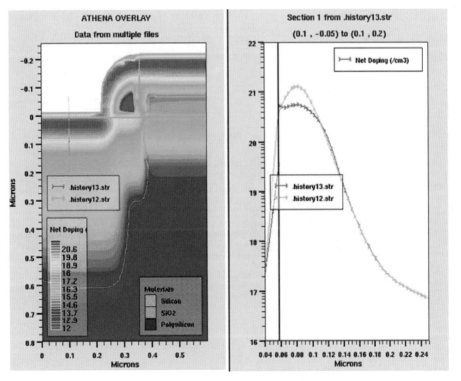

图4.80　源/漏极的注入和退火过程

■ （10）淀积金属并刻蚀

ATHENA可以在任何金属、硅化物或多晶硅区域上增加电极。一种特殊的情况就是可以放在底部而没有金属的底部电极。这里，对半个NMOS结构的金属的淀积是通过这种方法完成的，首先在源/漏极区域形成接触孔，然后将铝淀积并覆盖上去，如图4.81所示。为了形成源/漏极区域的接触孔，氧化层应从x=0.2μm开始向左进行刻蚀。在Material菜单中选择Aluminum，并将其厚度值设为0.03。最后，利用Etch菜单，铝层将从x=0.18μm开始刻蚀，如图4.82所示。

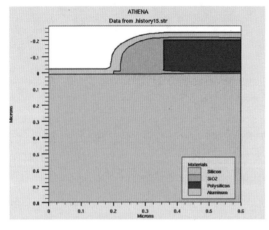 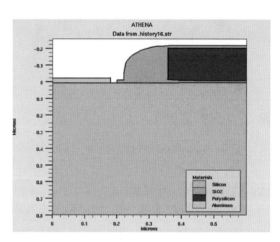

图4.81　半个NMOS结构上的铝淀积　　　　图4.82　在半个NMOS结构上进行铝刻蚀

■ （11）镜像得到NMOS

前面构造的是半个NMOS的结构。在某些仿真的地方，需要得到完整的结构，如图4.83所示。在Commands菜单中，依次选择Structure和Mirror项。出现ATHENA Mirror菜单；在Mirror栏中选择Right。结构的右半边完全是左半边的镜像，包括结点网格、掺杂等。

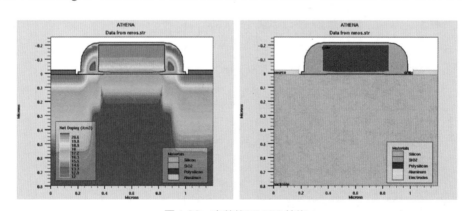

图4.83　完整的NMOS结构

■ （12）确定电极，并保存结构

为了给器件仿真器ATLAS提供偏置，有必要对NMOS器件的电极进行标注。结构的电极可以通过ATHENA Electrode菜单进行定义，如图4.84所示。通过File I/O 菜单保存结构为nmos.str，如图4.85所示。

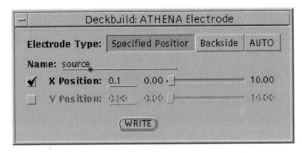

图4.84 确定源电极图

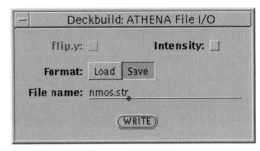

图4.85 ATHENA File I/O菜单

4.4.2.4 器件仿真

ATLAS是一个基于物理规律的二维器件仿真工具，用于模拟特定半导体结构的电学、光学等特性，并模拟器件工作时相关的内部物理机理。

ATLAS的仿真是通过对一系列状态的描述来进行组织的，而这些状态又可以分成一些组，大体是结构描述、材料模型描述、数值计算方法、求解描述和结果分析等五组状态，如图4.86所示。这些状态也不是都需要，如果从工艺仿真和器件编辑器得到结构的话就可以直接从材料模型描述开始。这里将采用由ATHENA创建的NMOS结构来进行NMOS器件的电学特性仿真。

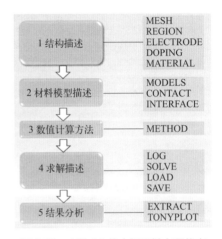

图4.86 ATLAS状态组及其主要状态

■ （1）材料模型描述

① 模型指定。对于简单NMOS仿真，用SRH和CVT参数定义推荐模型。其中，SRH是指Shockley-Read-Hall复合模型，CVT是来自Lombardi的倒置层模型，它设定了一个全面的目标动态模型，包括浓度、温度、平行场和横向场的独立性。定义这两种NMOS结构模型的步骤如下：

a. 在ATLAS Commands菜单中，依次选择Models项。Deckbuild：ATLAS Model菜单将会出现，如图4.87所示。

b. 在Category栏中，选择Mobility模型；一组动态模型将会出现，选择CVT；为了运行时在运行输出区域中记录下模型的状态，在Print Model Status选项中点击Yes。必要时可以改变CVT模型默认参数值，方法为：依次点击Define Parameters和CVT选项，ATLAS Model-CVT菜单将会出现；在参数修改完毕后点击Apply。

也可以在其中添加复合模型，步骤为：

a. 在Category栏中选择Recombination选项。三种不同的复合模型将会出现，分别为Auger、SRH（Fixed Lifetimes）以及SRH（Conc.Dep. Lifetimes），选择SRH（Fixed Lifetimes）模型作为NMOS结构。

b. 点击WRITE键，Model语句将会出现在DECKBUILD文本窗口中。

② 接触特性指定。与半导体材料接触的电极默认其具有欧姆特性。如果定义了功函数，电极将被作为肖特基（Schottky）接触处理。Contact语句用于定义有一个或多个电极的金属的功函数。用Contact语句定义N型多晶硅栅极接触的功函数的步骤为：

a. 在ATLAS Commands菜单中，依次选择Models和Contacts项；Deckbuild：ATLAS Contact菜单将会出现，如图4.88所示；在Electrode name一栏中输入gate；选择n-poly代表N型多晶硅。

b. 点击WRITE键，语句Contact name=gate n.poly 将会出现在输入文件中。

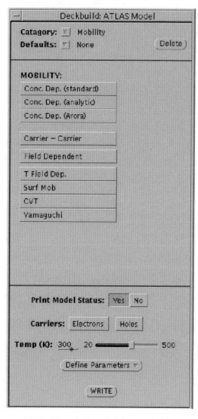

图4.87　ATLAS Model菜单

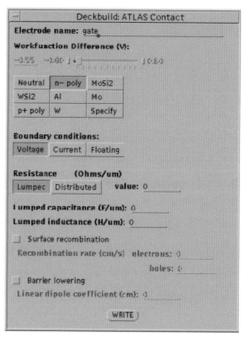

图4.88　ATLAS Contact菜单

③ 接触面特性指定。为了定义NMOS结构的接触面特性，需要使用Interface语句。这个语句用来定义接触面电荷浓度以及半导体和绝缘体材料接触面的表面复合率。定义硅和氧化物接触面电荷浓度固定为$3×10^{10}\text{cm}^{-2}$，步骤如下：

a. 在ATLAS Commands菜单中，依次选择Models和Interface项；Deckbuild：ATLAS Interface菜单将会出现，如图4.89所示；在Fixed Charge Density一栏中输入3e10。

b. 点击WRITE，将Interface语句写入DECKBUILD文本窗口中。Interface语句如下：Interface s.n=0.0 s.p=0.0 qf=3e10。

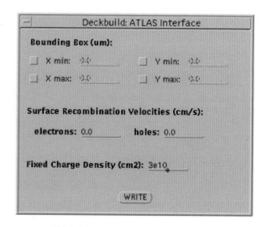

图4.89　ATLAS Interface菜单

■ （2）数值计算方法

ATLAS仿真半导体器件是基于1到6个耦合的非线性的偏微分方程，ATLAS将在器件结构的网格点处对这些方程采用数值计算来获取器件的特性。非线性计算方法由Method状态以及迭代和收敛准则相关的参数进行设定。

　　选择数字方法进行模拟。可以用几种不同的方法对半导体器件问题进行求解。对MOS结构而言，使用去偶（Gummel）和完全偶合（Newton）这两种方法。简单地说，以Gummel法为例的去偶技术就是在求解某个参数时保持其他变量不变，不断重复直到获得一个稳定解。而以Newton法为例的完全偶合技术是指在求解时，同时考虑所有未知变量。Method语句可以采用如下方法：

　　a. 在ATLAS Commands菜单中，依次选择Solutions和Method项；Deckbuild：ATLAS Method菜单将会出现，如图4.90所示；在Method栏中选择Newton和Gummel选项；默认设定的最大重复数为25，这个值可以根据需要修改。

　　b. 点击WRITE，将Method语句写入DECKBUILD文本窗口中。

　　c. 将会出现Method语句，应用此语句可以先用Gummel法进行重复，如果找不到答案，再换Newton法进行计算。

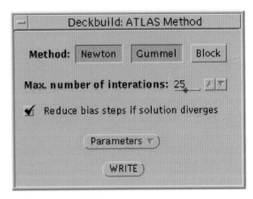

图4.90　ATLAS Method菜单

■ （3）求解描述

　　实际情况下器件的特性都要通过仪器进行测试得到，测试结果通常是端电流/电压特性，即端电流/电压随可改变电信号（直流、交流、瞬态以及特征波形）、环境温度、光照、压力或磁场等量的变化。直流特性包括：$I\text{-}V$特性、转移特性、Gummel Plot、输出特性、击穿特性。

■ （4）结果分析

　　ATLAS的仿真结果形式有Deckbuild界面的实时输出、保存的日志文件和提取的器件特性，Tonyplot可显示结果以及用它的function功能进行简单计算。如图4.91所示，仿真当V_{ds}（源漏电压）=0.1V时，简单I_d（漏极电流）-V_{gs}（栅源电压）曲线的产生；以及如图4.92所示，仿真当V_{gs}分别为1.1V、2.2V和3.3V时，I_d-V_{ds}曲线的产生。

　　使用Log，Solve和Load语句生成曲线族。在V_{gs}分别为1.1V、2.2V和3.3V时生成I_d-V_{ds}曲线族，V_{ds}变化范围是0V到3.3V。为了不使后面的端口特性写入到前面的Log文件nmos1_0.log中，我们需要使用另一条Log语句得到曲线族。首先，需要使用Deckbuild：ATLAS Test菜单得到每个V_{gs}的结果：在ATLAS Commands菜单中，依次选择Solutions和Solve项，以调用Deckbuild：ATLAS Test菜单。点击Prop键，以调用ATLAS Solve properties菜单。将Write mode栏改为Line，然后点击OK。

```
solve init
log outfile=nmos2_0.log
solve name=drain vdrain=0 vfinal=3.3 vstep=0.3
```

　　从Load语句开始到Solve语句为止的语句组将会生成V_{gs}=1.1V时的I_d-V_{ds}曲线的数据。要生成V_{gs}=2.2V、V_{gs}=3.3V时的I_d-V_{ds}曲线数据，只要复制这三个语句即可。为了画出曲线族，即把三个plot文件的结果画在同一张图中，输入如下Tonyplot语句：tonyplot –overlay nmos2__1.log nmos2__2.log nmos2__3.log -set nmos.set。在这个语句中，-overlay是指在一张图中覆盖三个plot文件，-set是用来加载set文件并显示创建set文件时Tonyplot所处的条件。

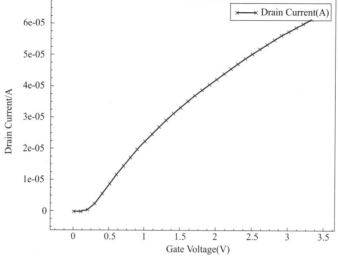

图4.91　NMOS的I_d-V_{ds}曲线

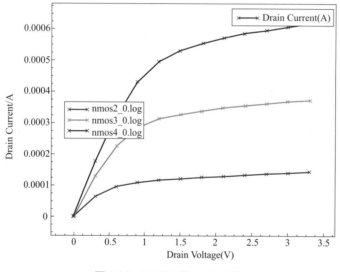

图4.92　NMOS的I_d-V_{ds}曲线

本章小结

　　本章从集成电路单步工艺开始，先介绍了光刻、刻蚀、离子注入、扩散、氧化、淀积、抛光等制造工艺；再运用单步工艺制造集成电路器件，以BCD（Bipolar-CMOS-DMOS）为例介绍单步工艺在工艺流程中的应用与作用；最后基于EDA工具对MOS器件的结构和电学特性进行仿真模拟，通过对NMOS案例的学习，在实践项目中验证了理论知识，并掌握了仿真工具的使用方法，以及通过改变器件结构和材料参数改进器件性能的方法。

习题

一、选择题

1. 与负光刻胶相比，以下不是正光刻胶的优点的是（　　）。

   A. 价格便宜　　　　　　　　B. 分辨率高　　　　　　C. 对环境无害　　　　D. 以上都是

2. 下列半导体制造工艺中，不属于薄膜制备处理的工艺步骤为（　　）。

   A. 光刻　　　　　　　　　　B. 抛光　　　　　　　　C. 沉积　　　　　　　D. 热氧化

3. 以下不是干法刻蚀特点的是（　　）。

   A. 高的选择比　　　　　　　　　　　　　　　　　B. 高的刻蚀速率

   C. 精确控制晶圆片内杂质的浓度分布和注入的深度　D. 设备便宜

4. 以下不属于离子注入优点的是（　　）。

   A. 掺入杂质纯度高　　　　　　　　　　　B. 注入离子的直射性，杂质的横向扩散小

   C. 化学试剂的浓度　　　　　　　　　　　D. 低的器件损伤

5. 以下不属于淀积参数的是（　　）。

   A. material　　　　　　　B. thickness　　　　　　C. dy　　　　　　　　D. name.resist

6. 常用的纳米压印技术有（　　）。

   A. 热压印　　　　　　　　B. 紫外压印　　　　　　C. 微接触压印　　　　D. 以上都是

7. 以下不属于纳米压印模板制备方法的是（　　）。

   A. 电子束光刻　　　　　　B. 软模板复型法　　　　C. 离子注入法　　　　D. 玻璃湿法刻蚀

8. 研究纳米压印技术的优势是（　　）。

   A. 高分辨率　　　　　　　B. 高产量　　　　　　　C. 低成本　　　　　　D. 以上都是

二、简答题

1. 什么是光刻胶？什么是正胶、负胶？

2. 简述化学机械抛光的作用。

3. 纳米压印技术包含哪几部分工艺步骤？分别是什么？

4. 与传统的光刻工艺相比，纳米压印技术有哪些不同？优势和劣势分别是什么？

5. 画出PN结二极管制造工艺流程。

6. 网格制订时，应该如何设计网格的疏密？

7. 进行刻蚀工艺时需要指定的参数有哪些？分别代表什么意义？

拓展学习

    自主学习VDMOS器件结构、制备工艺相关文献资料，并使用EDA工具设计一款VDMOS器件，通过仿真提取其结深和阈值电压。

第 **5** 章

想法照进现实
——集成电路设计

▶▶ 思维导图

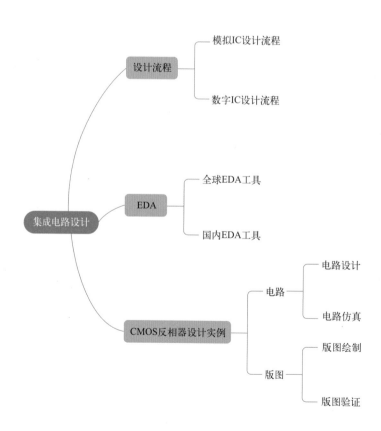

分立器件是单一的器件，具有单一的基本功能，比如PN结、双极晶体管、MOS晶体管等。由这些分立器件就组成了电路——分立电路。

分立器件是集成电路（Integrated Circuit，IC）的始祖。半导体集成电路是一种把电路小型化并制造在一块半导体晶圆上，具有特殊功能的微型电路。简单来说就是把电路里面所有的晶体管（双极晶体管、MOS晶体管等）、电阻、电容和电感等器件以及布线连接在一起。芯片的本质就是集成电路。芯片无处不在，可以说在我们日常生活中随处可见，手机、电脑、液晶电视、显示器等都是需要芯片的。若将产品的机械外壳拆掉之后，其主板上插的就是芯片。但我们实际看到的是芯片封装之后的样子，真正的芯片是在封装体的内部，芯片通过内部的引线和外部封装的引脚实现连接。图5.1是封装外壳去掉后的裸芯片示意图。封装对芯片具有保护作用，本书在第6章对封装有详细的介绍。

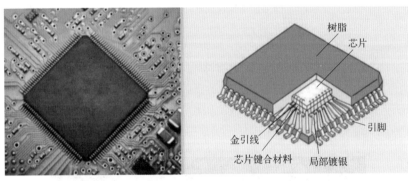

图5.1 裸芯片示意图

1952年，G.W.A.Dummer在华盛顿学会上提出了集成电路的概念。1958年，美国TI公司Jack Kilby研制出第一块集成电路，如图5.2所示，成功地将包括锗晶体管在内的五个元器件集成在一起，因此获得2000年诺贝尔物理学奖。1965年，Intel公司创始人之一——Gordon Moore提出摩尔定律：当价格不变时，集成电路上容纳的晶体管的数目，约每隔18～24个月便会增加一倍，性能也将提升一倍。摩尔定律的提出，一定程度上揭示了信息

(a) TI公司 Jack Kilby

(b) 第一块锗晶片的集成电路

图5.2 第一块集成电路及其研制者

技术进步的速度，指导半导体行业进行长期规划和设定研发目标，为几十年来半导体行业的发展指明了方向。过去的半个多世纪，半导体行业一直遵循着摩尔定律的轨迹高速发展。

集成度是集成电路的一项很重要的指标，不同种类的集成电路具有不同的集成度，如表5.1所示。随着科技不断发展，芯片的集成度越来越高。

表5.1　集成电路分类

集成电路分类	集成度
小规模集成电路（SSI）	$10 \sim 100$个元件或$1 \sim 10$个逻辑门
中规模集成电路（MSI）	$100 \sim 1000$个元件或$10 \sim 100$个逻辑门
大规模集成电路（LSI）	$10^3 \sim 10^5$个元件或$100 \sim 10000$个逻辑门
超大规模集成电路（VLSI）	$10^5 \sim 10^7$个元件或10000个以上逻辑门
特大规模集成电路（ULSI）	$10^7 \sim 10^9$个元件
巨大规模集成电路（GSI）	10^9以上个元件

目前集成度最高的芯片是CPU（中央处理器）芯片。Intel在2021年10月28日正式发布了桌面平台的第12代酷睿处理器CPU芯片（图5.3），尺寸为37.5mm×45.0mm，这个CPU里有几十亿个晶体管。

图5.3　第12代英特尔酷睿处理器CPU芯片

特征尺寸（CD）是集成电路的另一个重要指标，通常是指集成电路中半导体器件的最小尺度，如MOS晶体管的栅极长度。特征尺寸是衡量电路制造和设计水平的重要尺度，特征尺寸越小，那么芯片的集成度越高、速度越快、性能越好。在摩尔定律提出的前三十年，新工艺制程的研发并不困难，但随着特征尺寸越来越接近宏观物理和量子物理的边界，高级工艺制程的研发越来越困难，研发成本也越来越高。而且，由于越来越多的器件集成在更小的面积内，单位面积的热量也成倍增加。随着集成电路尺寸的不断减小，工艺的迭代速度已经有所放缓。CD节点由5nm逐渐向3nm演进，受技术瓶颈和研制成本剧增等因素的影响，摩尔定律正逼近极限，半导体行业逐步步入后摩尔时代，如图5.4所示，2015年发布的国际半导体技术发展路线图（ITRS）。

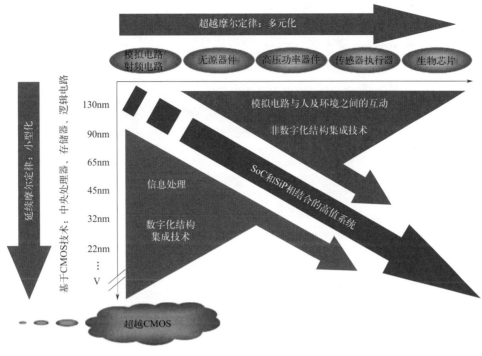

图5.4　国际半导体技术发展路线图

5.2　集成电路设计

集成电路设计是指根据电路功能和性能的要求，在正确选择系统配置、电路形式、器件结构、工艺方案和设计规则的情况下，尽量减小芯片面积，降低设计成本，缩短设计周期，以保证全局优化，设计出满足要求的集成电路。

5.2.1　集成电路按功能的分类

集成电路最初是作为超小型电路的一个分支而诞生的，是为了满足宇航设备及军用设备所追求的小型化和轻量化的目标。由于其优点具有普遍性，应用领域逐渐扩大，乃至发展到各行各业的各个领域。集成电路具有集成度高、体积小、重量轻、寿命长、速度快、可靠性高和性能好等优点，同时成本低，便于大规模生产。它不仅在工、民用电子设备如收音机、电视机、计算机等方面得到广泛的应用，同时在军事、通信、遥控等方面也得到广泛的应用。

集成电路按其功能的不同，可以分为模拟集成电路、数字集成电路和数模混合集成电路三大类。自然界的信号绝大多数以模拟信号的形式存在，而计算机系统所能处理识别的信号则是二进制的数字信号。信息的处理需要完整的信号链来完成，如图5.5所示。完整信号链的工作原理为：从传感器探测到真实世界的信号，如电磁波、声音、图像、温度、光信号等，并将这些自然信号转化成模拟的电信号；通过放大器进行放大，然后通过ADC（模数转换器）把模拟信号转化为数字信号；经过MCU（多点控制器）或CPU、DSP（数字信号处理器）等处理后，再经由DAC（数模转换器）还原为模拟信号。

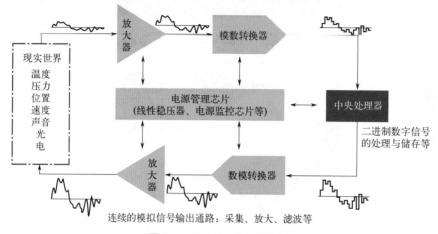

图5.5 信号链的传递示意图

■ （1）模拟集成电路（Analog IC）

模拟集成电路又称线性电路，用来产生、放大和处理各种模拟信号（幅度随时间变化的信号）。例如半导体收音机的音频信号、录放机的磁带信号等，其输入信号和输出信号成比例关系。

■ （2）数字集成电路（Digital IC）

数字集成电路用来产生、放大和处理各种数字信号（在时间上和幅度上离散取值的信号）。例如3G手机、数码相机、电脑CPU、数字电视的逻辑控制，以及处理重放的音频信号和视频信号。

■ （3）数模混合集成电路（Digital-Analog IC）

既包含数字电路，又包含模拟电路的新型电路，称为数模混合集成电路，比如ADC和DAC。

数字IC是半导体产业（图5.6）的核心，模拟IC是半导体产业的基石，也是联系真实世

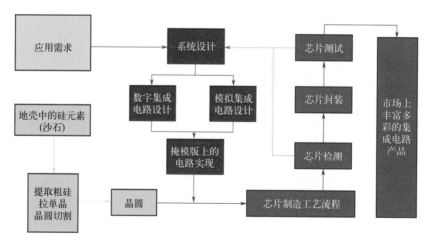

图5.6 半导体产业链中游

界与电子系统的纽带。完成一个集成电路的设计需要多个步骤，不管是数字集成电路、模拟集成电路还是数模混合集成电路的设计，都遵循一般的设计流程，在设计流程的不同阶段，对应有不同的EDA工具辅助集成电路设计。

5.2.2 模拟集成电路设计

模拟集成电路设计与传统分立元器件模拟电路设计最大的不同在于，所有的有源和无源元器件都制作在同一个半导体衬底上，尺寸极其微小，无法再用PCB（印刷电路板）进行设计验证。因此，设计者必须采用计算机仿真和模拟的方法来验证电路性能。模拟集成电路设计包括若干个阶段，图5.7所示的是模拟集成电路设计的一般流程。该流程包括设计规格定义、电路图设计、电路仿真、版图实现、物理验证、提取寄生参数后仿真、导出GDS文件、芯片制造、测试和验证。

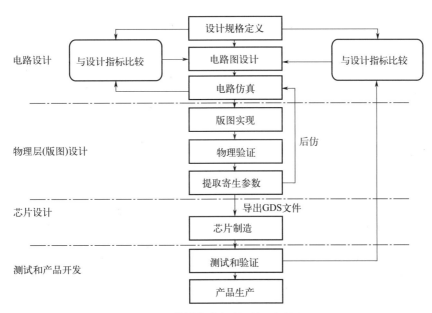

图5.7 模拟集成电路设计一般流程

一个设计流程是从设计规格定义开始的，设计者在这个阶段就要明确设计的具体要求和性能参数。设计电路图后，下一步就是对电路应用模拟仿真的方法评估电路性能，这时可能要根据仿真结果对电路做进一步改进，反复进行仿真。一旦电路性能的仿真结果能够满足设计要求，就需要进行另一个主要设计工作——电路的版图实现。完成版图设计并经过物理验证后，需要将布局、布线形成的寄生效应考虑进去，然后再次进行计算机仿真。如果仿真结果仍满足设计要求，即可进行芯片制造。

与用分立元器件设计模拟电路不同的是，集成化的模拟电路设计不能用搭建线路板的方式进行。随着EDA技术的发展，上述设计步骤都是通过计算机辅助进行的。通过计算机的模拟仿真，可在线路中的任何点监测信号，还可将反馈回路打开，也可比较容易地修改线路。但是计算机模拟仿真也存在一些限制，如模型的不完善、程序求解由于不收敛而得不到结果等。

■ （1）设计规格定义

在这个阶段，系统工程师将整个系统及其子系统看作一个个仅有输入/输出（I/O）关系的"黑盒子"，不仅要对其中的每个"黑盒子"进行功能定义，而且还要提出时序、功耗、面积、信噪比等性能参数要求。

■ （2）电路图设计

根据设计要求，设计者首先要选择合适的工艺库，然后合理地构架系统。由于模拟集成电路的复杂性和多样性，目前还没有EDA厂商能够提供完全解决模拟集成电路设计自动化难题的工具，因此基本上所有的模拟电路仍然通过手工设计来完成。

■ （3）电路仿真

设计工程师必须确认设计是正确的，为此要基于晶体管模型，借助EDA工具进行电路性能的评估和分析。在这个阶段，要依据电路仿真结果来修改晶体管参数。依据工艺库中参数的变化来确定电路工作的区间和限制，验证环境因素的变化对电路性能的影响，最后还要通过仿真结果指导下一步的版图实现。

■ （4）版图实现

电路的设计及仿真决定其组成及相关参数，但并不能直接送往晶圆代工厂进行制作。设计工程师需提供集成电路的物理几何描述，即通常所说的"版图"。这个环节就是要把设计的电路转换为图形描述格式。模拟集成电路通常是以全定制方法进行手工的版图设计。在设计过程中，需要考虑设计规则、匹配性、噪声、串扰、寄生效应等对电路性能和可制造性的影响。虽然现在出现了许多高级的全定制辅助设计方法，但仍无法达到手工设计对版图布局和各种效应的考虑的全面性。

■ （5）物理验证

版图的设计是否满足晶圆代工厂的制造可靠性需求？从电路转换到版图是否引入了新的错误？物理验证阶段将通过DRC（设计规则检查）和LVS（版图与电路图一致性检查）解决上述两类验证问题。DRC用于保证版图在工艺上的可实现性。LVS用于保证版图的设计与其电路设计的匹配。LVS工具从版图中提取包含电气连接属性和尺寸大小的电路网表，然后与原理图得到的电路网表进行比较，检查二者是否一致。

■ （6）提取寄生参数后仿真

在版图完成前的电路模拟都是比较理想的仿真，并不包含来自版图中的寄生参数，被称为"前仿真"；加入版图中的寄生参数进行的仿真被称为"后仿真"。相对数字集成电路来说，模拟集成电路对寄生参数更敏感，因此前仿真结果满足设计要求并不代表后仿真结果仍能满足设计要求。在深亚微米和纳米阶段，寄生效应更加明显，因此后仿真分析尤为重要。与前仿真一样，当后仿真结果不满足要求时，需要修改晶体管参数，甚至某些地方的结构也要修改。对于高性能的设计，这个过程是需要反复进行的，直到后仿真满足系统的设计要求为止。

■ （7）导出GDS文件

通过后仿真后，设计的下一步就是导出版图数据（GDS）文件，将该文件提交给工艺厂进行芯片的制造。

■ （8）芯片制造

每个半导体产品的制造都需要数百个工艺，整个制造过程可分为氧化、扩散、离子注入、淀积、光刻和刻蚀等多项步骤。

■ （9）测试和验证

在集成电路的设计过程中，芯片的测试和验证分析主要由芯片的测试部门完成。这里需要指出的是，模拟集成电路的测试结果往往与仿真结果是有差异的，需要工程师根据以往的经验仔细分析。在芯片开发的过程中，每一个坏节都很重要、很关键。其中任何一个坏节出现了问题，就得不到合格的芯片。

5.2.3　数字集成电路设计

数字集成电路设计多采用自顶向下的设计方式，通俗来说，就是设计过程由外到内，逐步分解细化的设计方法。数字集成电路的一般设计过程如图5.8所示，包括系统级、RTL（寄存器传输级）、门级等设计与仿真部分，自动布局布线、物理验证、后仿真和制版流片等。传统上将布局布线前的工作称之为前端（Front End）设计，而布局布线之后的工作称为后端（Back End）设计。布局的目的在于产生制作掩膜版所需的GDSII文件。下面对前端设计部分的几个重点模块进行介绍。

■ （1）系统划分和功能设计

此部分主要是确定芯片功能、性能参数、允许的芯片面积和成本等。对于数字集成电路芯片来说，集成度特别高，一般不太可能将整块芯片作为设计的起点，或者说设计者们常常将一块芯片划分为不同的功能模块，然后对各个子模块开始并行设计。

■ （2）RTL设计与仿真

RTL是指寄存器传输级（Register Transfer Level），一般采用硬件描述语言（Hardware Description Language，HDL）来描述各个模块的功能，常用的是Verilog HDL。通过EDA工具进行RTL仿真，以保证HDL所描述电路的功能的正确性。

■ （3）逻辑综合优化

RTL代码要经过逻辑综合才能变成电路。根据已综合出来的电路结构，提取电路中的延迟信息再次进行仿真。如果仿真结果不符合原先的设计要求，则需返回相应的步骤进行修改，最终输出验证后的门级网表文件。

表5.2是数字集成电路设计过程涉及的级别种类及介绍，了解数字系统的设计层级，对于设计者们来说是基础之一。

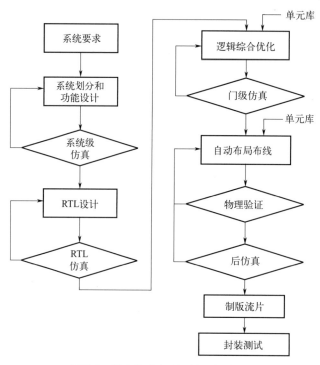

图5.8　数字集成电路设计一般流程

表5.2　数字系统的设计层级

层级	描述	分类
系统级（System Level）	用高级语言结构实现设计模块的外部性能的模型	行为描述
算法级（Algorithm Level）	用高级语言结构实现设计算法的模型	
RTL（Register Transfer Level）	描述数据在寄存器之间流动和如何处理这些数据的模型	
门级（Gate Level）	描述逻辑门以及逻辑门之间的连接的模型	结构描述
开关级（Switch Level）	描述器件中三极管和储存节点以及它们之间的连接的模型	

　　虽然在集成电路的发展历程中，模拟IC先于数字IC，但是在全球集成电路目前的市场规模中，模拟芯片与数字芯片大约是15%和85%的份额。因为数字IC能够最大化电路密度，在追求先进工艺下，能够获得更小的面积、更低的功耗和更快的切换速度等。

5.3　集成电路设计工具EDA

　　EDA（Electronic Design Automation）是电子设计自动化的简称，是从计算机辅助设计（CAD）、计算机辅助制造（CAM）、计算机辅助测试（CAT）和计算机辅助工程（CAE）概念发展而来的概念。简单来说，它是一种用来设计芯片的软件工具。在半导体产业链中，EDA的应用范围非常广，如在产业链的中游（设计、制造、封装、测试等），芯片实现的每一个环节都有它的身影，如图5.9所示。因此，EDA在芯片行业里面常被称为"芯片之母"。一颗5nm的芯片里面能容纳的晶体管数量约125亿个，可想而知，当芯片上集成规模达到一定阶段，设计不可能仅通过手工完成，需要各种设计自动化工具软件包的支持。

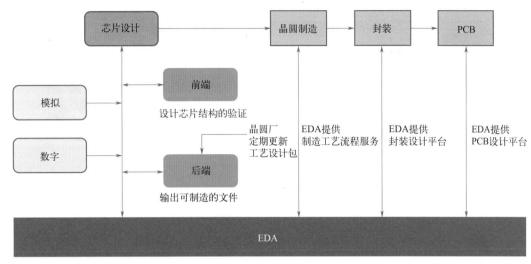

图5.9　EDA在半导体产业链中游的全覆盖

　　EDA软件的杠杆效应极强，根据SEMI（国际半导体产业协会）的数据，2020年EDA工具在全球虽然仅有110亿美元的产值，却支撑着全球4400亿美元的集成电路市场以及近2万亿美元的电子信息产业，EDA对集成电路产业的杠杆力高达40倍。随着集成电路市场的规模继续扩大和发展增速，EDA杠杆效应会发挥着更强的影响力。作为贯穿集成电路设计、制造、封装、测试等产业链各个环节的基础工具，EDA是集成电路产业的咽喉，将直接影响产品的性能和量产率。一旦EDA这一产业链基础出现问题，整个集成电路产业乃至上层运行的数字经济产业都会受到重大影响。

5.3.1　全球EDA格局

　　如图5.10，EDA市场供应商高度集中，现在的EDA产业主要由Cadence、Synopsys和西门子旗下的Mentor Graphics垄断，全球EDA的70%的市场份额都由EDA"三巨头"占据。"三巨头"均是IC设计全流程覆盖，但是侧重点依然有差异。

　　Synopsys（新思科技）成立于1986年，由Aart de Geus带领通用电气工程师团队创立，为全球电子市场提供技术先进的集成电路设计与验证平台。Synopsys在EDA行业的市场占有率约30%，它的逻辑综合工具DC和时序分析工具PT在全球EDA市场占据很高的份额。

　　Cadence（楷登电子）是在1988年由SDA与ECAD两家公司兼并而成。Cadence产品涵盖了电子设计的整个流程，包括系统级设计、功能验证、集成电路综合及布局布线、物理验证、模拟混合信号及射频集成电路设计、全定制集成电路设计、PCCE（普适协同计算环境）设计和硬件仿真建模等。它的强项在于模拟或混合信号的定制化电路和版图设计，功能很强大，PCB相对也较强，但是Signoff（签发）的工具偏弱。

　　Mentor Graphics（明导国际，2016年被德国西门子收购）1981年成立，90年代遇到经营困境，软件的研发严重落后于进度，大量长期客户流失。直到1994年公司组织结构大调整后，才重新崛起。Mentor的工具虽没有前两家全面，没有涵盖整个芯片设计和生产环节，但在有些领域，如PCB设计工具、Calibre等方面有相对独到之处。

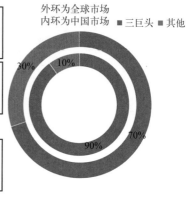

图 5.10 EDA 产业竞争格局

5.3.2 我国 EDA 发展

在我国市场，约 90% 的 EDA 市场由 "三巨头" 瓜分，5% 被 ANSYS 等其他外国公司占据。Cadence 于 1992 年进入中国市场，是 "三巨头" 中在华布局最好的；Synopsys 仅次于 Cadence，于 1995 年进入中国市场。EDA 的重要性不言而喻，一旦 EDA 受制于人，整个芯片产业的发展都可能停摆，发展国产 EDA 迫在眉睫。

国内 EDA 产业发展从 20 世纪 80 年代中后期开始，首套 EDA 熊猫系统于 1986 年开始研发，并于 1993 年问世。之后国内 EDA 的发展曲折而缓慢，受各种因素影响，国内 EDA 产业没有取得实质性成功，但近十年发展中，芯愿景、广立微电子、华大九天、蓝海微科技、概伦电子、芯禾科技、博达微科技、奥卡思微电等多家企业从国产 EDA 阵型中展露生机，特别是从 2014 年开始，我国 EDA 行业参与者逐渐增多。

国产 EDA 工具发展较好的华大九天，主要产品包括模拟电路设计全流程 EDA 工具系统、数字电路设计 EDA 工具系统、平板显示电路设计全流程 EDA 工具系统和晶圆制造 EDA 工具等 EDA 软件，如表 5.3 所示，并围绕相关领域提供技术开发服务（测试芯片设计、半导体器件测试分析、器件模型提取等）。目前，在模拟电路设计、平板显示电路设计领域，华大九天能够实现全流程 EDA 工具的覆盖，在数字电路设计和晶圆制造等方面的部分工具也具有独特的技术优势。华大九天已构建出以上述四大板块为核心的平台化系统，布局全生态体系，从而实现全平台生态替换。

表 5.3 华大九天产品及其特色

产品	产品特色
模拟电路设计全流程 EDA 工具系统	全球四大模拟设计全流程平台之一
	支持 7nm 先进工艺
	每年数百款芯片上百亿颗出货
数字电路设计 EDA 工具系统	支持 7nm 先进工艺
	定义世界级 IC 公司设计标准
	覆盖国内 90%IC 企业
晶圆制造 EDA 工具	版图及掩膜版数据处理软件性能先进
	芯片制造服务，覆盖国内 70% 晶圆制造企业
平板显示电路设计全流程 EDA 工具系统	国内新建产品线市场占有率 80% 以上

在模拟电路设计领域，华大九天能够提供模拟电路设计全流程EDA工具系统，包括原理图编辑工具、电路仿真工具、版图编辑工具、物理验证工具、寄生参数提取工具和可靠性分析工具等，为用户提供了从电路到版图、从设计到验证的一站式完整解决方案，如图5.11所示。

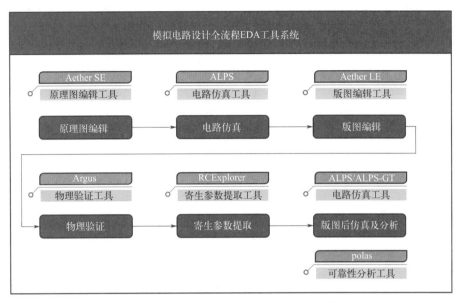

图5.11　模拟电路设计全流程EDA工具系统

在数字电路设计领域，比如：单元库特征化提取工具Liberal能够为设计者提供一套自动提取标准单元库时序和功耗特征化模型的解决方案，用于数字电路设计的时序和功耗分析；单元库/IP质量验证工具Qualib能够为设计者提供全面的单元库/IP质量分析验证方案；高精度时序仿真分析工具XTime为设计者提供面向先进工艺和低电压设计的高精度时序仿真分析方案；时序功耗优化工具XTop针对先进工艺、大规模设计和多工作场景的时序收敛难题，提供一站式时序功耗优化解决方案；版图集成与分析工具Skipper为设计者提供高效的一站式版图集成与分析解决方案；等等。如图5.12所示。

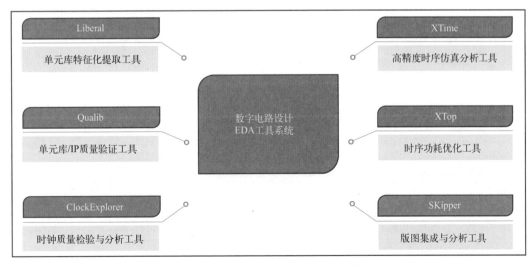

图5.12　数字电路设计EDA工具系统

5.4 基于EDA工具的CMOS反相器的设计实例

本节将基于EDA工具，以项目式方法进行内容的介绍，旨在通过项目的完成使读者学习并掌握集成电路设计的相关原理和EDA软件的使用。CMOS反相器作为先进IC电路的基本单元，在电路中完成的逻辑功能是将数字信号反相，可以理解为将输入模拟信号的相位反转180°。通过对反相器集成电路设计的学习，可以初步掌握电路和版图设计、仿真及验证的一些基本方法。

IC设计按照设计流程分类可以分为全定制和半定制两种类型。一般数字集成电路多采用半定制设计流程，而对于模拟集成电路和数模混合集成电路，多应用全定制设计流程。一个完整的全定制设计流程应该是：电路图输入（Schematic Input）、电路仿真（Analog Simulation）、版图设计（Layout Design）、版图验证（Layout Verification）、寄生参数提取（Layout Parasitic Extraction）、后仿真（Post Simulation）、流片（Tape Out）。下面以CMOS反相器为例，介绍其电路图的建立、电路仿真、版图的建立与编辑、设计规则检查和电路图-版图一致性检查，从而为大家提供一个完整的设计参考流程。

5.4.1 CMOS反相器原理基本介绍

CMOS（Complementary MOS）反相器由增强型PMOS和NMOS组成，电路的输入端与两个MOS管的栅极连接，输出端与MOS管的漏极相连，PMOS的源极接电源（VDD），NMOS的源极接地，如图5.13所示。

① 当输入信号为高电平（1）时，NMOS导通，而PMOS截止，此时输出电压等于地电位，即输出低电平（0）；

② 当输入信号为低电平（0）时，NMOS截止，而PMOS导通，输出电压为电源电压，即输出高电平（1）。

综上，CMOS反相器的输入与输出端总是反相。理论上来讲，当电路工作时，CMOS反相器无论输出是"0"还是"1"，

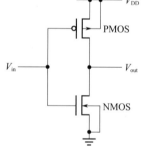

图5.13 CMOS反相器电路图

NMOS和PMOS中总有一个处于截止状态，从而使得整个电路从电源到地一直不通，没有电流通过，进而保证了静态功耗为0。当然实际的情况是由于集成电路是硅平面制作的，所有器件及连线都做在同一块小硅晶体上，这些器件在制作的同时必然会伴随着产生一些寄生的元器件和电路，所以我们还要考虑集成电路的一些寄生效应，此时真实的静态功耗仍然会有，而不会为0。不过采用CMOS反相器电路已经大大减少了静态功耗，使得大规模集成成为可能。这也是目前主流超大规模集成电路采用CMOS反相器电路的原因。

5.4.2 反相器电路设计

理解了CMOS反相器的基本原理后，下一步就是要将电路图利用电路图编辑工具绘制出来。基于EDA工具的工程任务，一般是按照库（Library）、单元（Cell）和视图（View）的层次实现对文件的管理。库文件是一组单元的集合，包含着具有多种视图的各个单元；单元是构造芯片或逻辑结构的最低层次的结构单元，比如各种逻辑门；视图位于单元层次下，如

电路图视图、版图视图、验证结果等。库有设计库和技术库之分。设计库是针对用户而言的，不同的用户可以有不同的设计库；而技术库是针对集成电路制造工艺而言的，不同制造厂商和不同特征尺寸的集成电路的技术库是不同的，例如CSMC05（华润上华0.5μm工艺库）、SMIC13（中芯国际0.13μm工艺库）。

① 如图5.14，建立设计库，如命名为lab1，一般在建立库的同时会将设计库与技术库进行关联。

Technology File选项卡处包括3个选项：Compile a new techfile，表示编译一个新的技术文件；Attach to an existing techfile，表示将新建库与一个已经存在的技术文件相关联；Don′t need a techfile，表示新建库不需要技术文件。

② 在已经建立好的lab1库下，创建单元图，如单元名为inv，视图选择schematic。以上操作之后，就可以进入电路图的编辑窗口中，如图5.15。

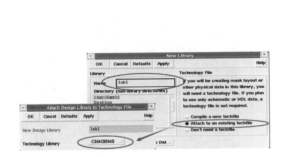

图5.14　建立设计库

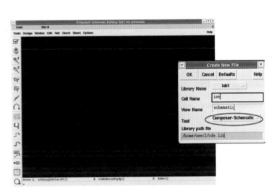

图5.15　电路图的编辑窗口

③ 绘制反相器电路图，在编辑窗口添加反相器所需的器件，如图5.16。通过菜单栏"Add—Instance"（快捷键i），选择CSMC05MS库里器件：nmos4（l: 0.5u/w: 0.8u），pmos4（l: 0.55u/w: 1.1u）。通过快捷键q，可以打开器件属性对话框，修改器件的属性（如宽长比、数量）。

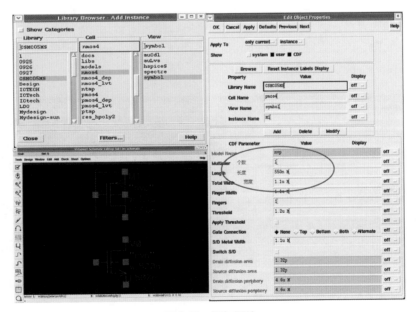

图5.16　添加器件

④ 添加电源（VDD）、地（GND，即图5.17中的gnd），电源和地都在系统自带的analogLib库内，直接插入即可。为电路指定输入输出引脚，通过快捷键p，打开"Add Pin"窗口，设置引脚的名字以及设置引脚的输入输出方向，如图5.17所示。

图5.17　添加Pin（引脚）、电源和地

⑤ 通过快捷键w，进行连线。如图5.18，单击左侧工具栏的"Check and Save"，检查并保存。这里要注意，当出现warning或error时，需要返回电路图，排查问题和修改电路图。若忽略warning或error，会影响后续的设计。

⑥ 一般到步骤⑤结束后，电路图设计已经结束，接着进行电路仿真。实际上，在电路图上直接添加信号源，然后进行仿真分析是可以的，但更好的做法是生成符号视图symbol，并利用该符号另建一个原理图视图，在这个新建的视图中进行仿真分析，其好处有以下两点：

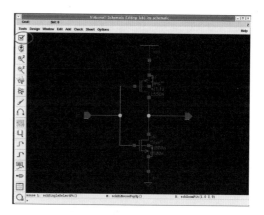

图5.18　电路连线和保存

a. 生成符号后，该原理图成为一个元件，可在其他的原理图中多次调用。

b. 在设计流程的后续阶段，需要将电路图与版图对比（LVS验证），如果直接在电路图中增加了信号源，在LVS阶段必须去掉，而生成符号省去了这一步骤。

生成符号视图的方法：菜单栏"Design—Create Cellview—From Cellview"，这时将弹出符号编辑窗口，如图5.19设置端口名字（in和out）；封装后的symbol只有接口，其外部的边框可以通过"Add—shape"来绘制指定的图形。

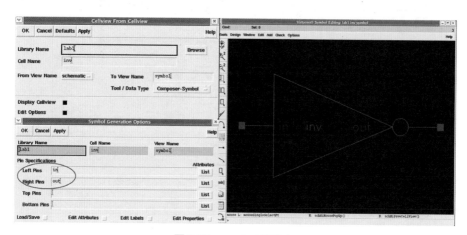

图5.19　symbol的建立

5.4.3 反相器电路仿真

完成电路图设计之后，需要对电路的性能进行仿真，也称前仿真。仿真验证通过EDA工具完成，大大提高了验证的速度和精确程度。

① 首先要对电路做一些相关设置，如电源、信号等。有了运行环境以后，才可以对电路进行仿真验证。因为对于电路来讲，增加了相关信号也就等于增加了一些元器件，所以为了方便管理和操作，在增加了电源和信号等元器件后再仿真电路，一般在设计库下再新建一个Cellview，步骤同上，命名为inv_test，如图5.20所示。

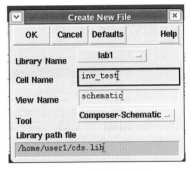

图5.20 建立测试单元

② 如图5.21，在测试电路编辑窗口中插入刚刚建立好的inv（symbol）、信号源和负载电容等，信号源包括analogLib库中的直流电压vdc和方波发生器vpulse。通过属性对话框，

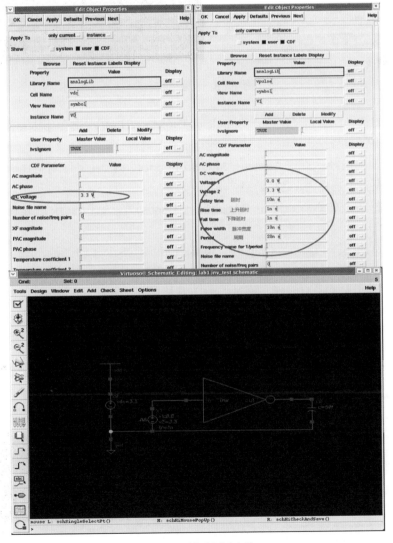

图5.21 搭建测试电路

可以设置信号源和电容负载等参数。正确连线之后，点击"Check and Save"，确保电路无误。

③ 进行仿真环境的配置（图5.22），通过菜单栏"Tools—Analog Environment"，打开环境配置窗口。

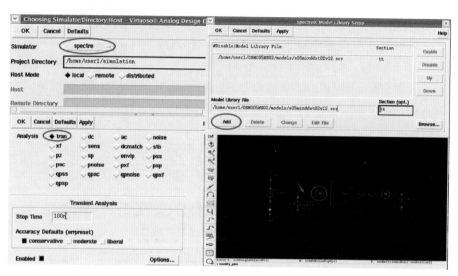

图5.22　设置测试环境

a. 仿真器的选择。点击"Setup—Simulator/Directory/Host"，选择spectre为仿真工具，并设置仿真结果的保存路径。

b. 仿真模型的选择。点击"Setup—Model/Libraries"，通过文件浏览Browse，找到模型文件的路径，设置工艺角为tt之后，点击Add。

c. 仿真分析类型的选择。点击"Analyses—Choose"，选择tran瞬态分析，仿真时间为100ns。

d. 观察端口的选择。点击"Outputs—To Be Plotted—Select On Schematic"，然后回到电路图中，选择端口in和out，点击线选择电压，点引脚选择电流。

④ 若前面环境配置没有问题，通过左侧工具栏的"Netlist and Run"图标，开始运行瞬态仿真。在仿真结束后，根据前面的设置，系统会给出仿真波形图，通过调节MOS管的宽长比和输入信号源的上升和下降时间达到预期的目标（如输出波形的上升沿和下降沿的延时）。从图5.23中可以看出，所设计的反相器很好地完成了信号的反相功能。

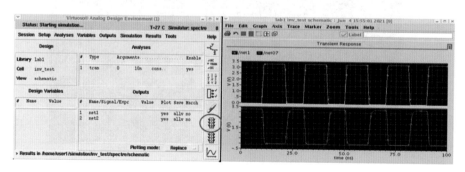

图5.23　运行仿真

5.4.4 反相器版图绘制

版图是集成电路的物理实现，上承电路下承工艺。它是一组相互套合的图形，各层版图对应于不同的工艺步骤，每一层版图用不同的图案来表示，光刻用的掩膜版图是根据逻辑与电路功能、性能要求以及工艺水平要求来设计的，是实现IC设计的最终输出。因此，在版图设计的时候一定要考虑版图和电路（电路结构、电路工作情况、电流电压）的匹配优化等因素。版图设计过程中还需要考虑工艺规范，因为设计的内容必须是晶圆厂（Foundry）能够生产出来的，如果设计的内容晶圆厂无法生产，那么设计的产品就不能实现。不同的工艺，就有不同的设计规则。设计者只有得到了厂家提供的规则以后，才能开始设计。

集成电路设计公司在与晶圆厂签订了芯片加工合同后，晶圆厂将向设计公司提供版图设计规则和其他技术文件，即半导体工艺设计包（Process Design Kit），简称PDK手册。PDK手册是设计者和Foundry交互的核心文件。通常，PDK手册由Foundry提供，该文件包含Foundry全部的工艺信息，将该文件导入到集成电路设计EDA软件中后，芯片设计者就可以根据该Foundry的工艺信息设计芯片，相关的设计结果（通常是GDSII文件）就可以提供给Foundry，完成芯片制造过程。图5.24体现了PDK手册和集成电路设计过程的对应信息，图5.25展示出了一个PDK手册文件的结构。

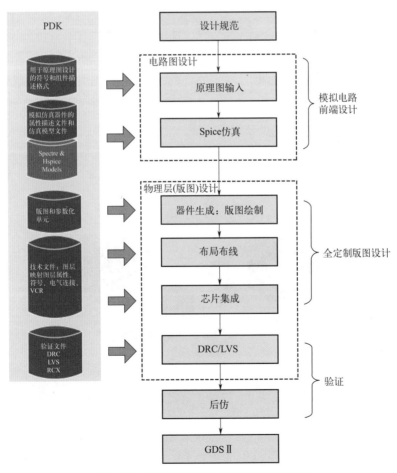

图5.24　PDK手册和集成电路设计的关系

版图设计规则一般以MOS管的沟道长度来标志工艺水平。例如沟道长度为2μm或1μm，就分别称为2μm或者1μm设计规则。版图设计规则一般都包含四种规则（图5.26）：最小宽度（Width）、最小间距（Space）、最小包围（Enclosure）、最小延伸（Extension/Overhang）。

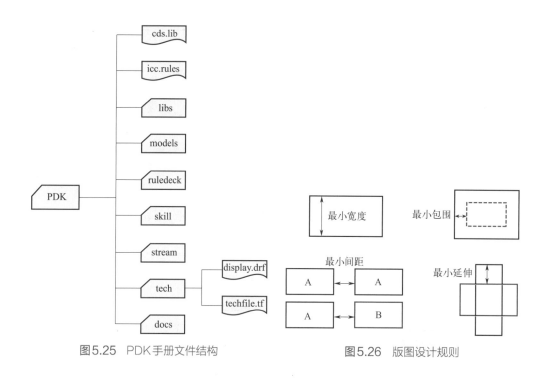

图5.25 PDK手册文件结构　　　　　图5.26 版图设计规则

- **（1）MOS结构与版图图层的关系**

要绘制CMOS反相器版图首先要绘制NMOS和PMOS的版图。以NMOS为例，结合工艺流程来看NMOS结构，如图5.27所示。

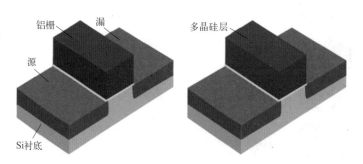

图5.27 NMOS结构透视图

NMOS结构与层次自下而上分别是：衬底、N^+区（源漏区）、栅氧化层、多晶硅层，如果要进行布线，在多晶硅层制作完成后，还需要进行介质淀积和开孔，并淀积金属层。

在集成电路版图绘制过程中，首先要清楚上述层次，但要注意并不是所有图层都会在版图绘制中体现，有些图层会根据实际工艺制作流程有所变动。

① 对于版图绘制来讲，衬底通常是不做专门图层设定的，版图的图纸就是衬底。

② 源漏区域在版图设定上是和实际结构层次区别最大的地方，CMOS集成电路都是采用自对准工艺来制作源漏区域的。源漏区域形成前，首先是在需要掺杂的区域淀积氮化硅（Si_3N_4），其余的部分则先进行隔离氧化，此时被Si_3N_4覆盖的部分不会被氧化到；Si_3N_4去除后，接着进行栅氧化层和多晶结构的生长，再对原先被Si_3N_4覆盖的区域进行掺杂，从而形成源漏区。把Si_3N_4覆盖过的部分称为有源（Active）区，这个区域在版图绘制上是有专门的图层的。但对于有源区本身来讲，它并没有规定掺杂类型，所以针对不同的掺杂类型，还需要在绘制有源区后再定义N型或P型选择性掺杂区。

③ 栅氧化层、介质等绝缘层在版图设计时通常不做专门的图层设定。

④ 多晶硅层的结构层和版图图层是相互对应的。

⑤ 接下来是金属布线，针对工艺结构层次不同的多层金属，对应版图层次就有Metal1、Metal2、Metal3、……，金属层间通过孔来连接，半导体和Metal1之间的孔称为接触孔，金属间的孔为通孔。

■ （2）绘制流程

在绘制过程中，作为设计者需要对设计规范非常了解。以CSMC 0.5μm CMOS工艺的设计规则为标准，来绘制反相器的版图。

① 在已经建立好的lab1库中的inv（Cell）下，创建新的layout视图，就可以进入版图的编辑窗口（图5.28）中。

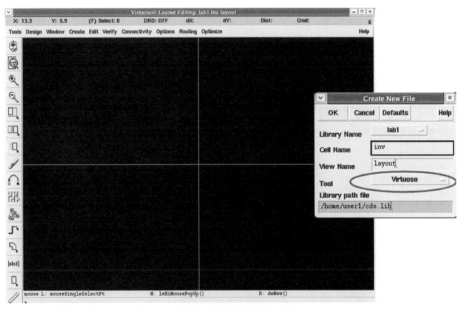

图5.28　版图编辑窗口

② 设置图层的颜色和图案，如图5.29所示。在这里直接加载技术库下的.drf文件，按照统一的图层颜色和图案进行版图绘制（不同的厂商使用的图层种类大同小异，但是图层颜色和样式不尽相同）。

图层选择窗口中图层的意义见表5.4。

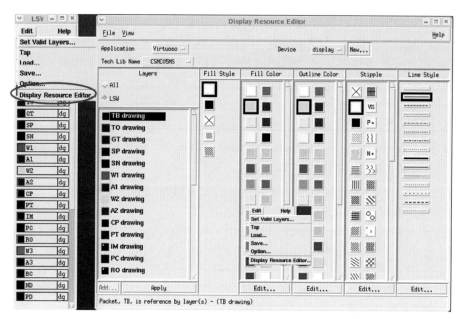

图5.29 设置图层

表5.4 LSW（图形选择窗口）图层的意义

图层	版图层描述	
TB	N-Well	N阱
TO	Diffusion definition / Active	有源区
GT	Polysilicon	多晶硅
SP	P$^+$ implant Layer	P$^+$注入层
SN	N$^+$ implant Layer	N$^+$注入层
W1	Contact Layer	接触孔层
A1	1st Metal Layer	第一层金属
A1TEXT	Metal 1 Text Layer	第一层金属的标记层

■ （3）版图的绘制

以下步骤不是唯一，仅供参考。

① 多晶硅：在LSW中选择GT drawing 层作为当前层，点击"Create—Path"（快捷键 e），绘制多晶硅层。MOS管的l和w需与电路参数一致，即nmos4（l：0.5u/w：0.8u）、pmos4（l：0.55u/w：1.1u）。在这里可以使用标尺确定长度，点击" Windows—Create Ruler"创建标尺，点击"Windows—Clear All Rulers"删除标尺。这些操作熟练之后，可以使用快捷键来完成，提高绘制效率。

② 有源区和N$^+$注入层：在LSW中分别选择TO drawing层和SN drawing层作为当前层，点击" Create—Rectangle "（快捷键r），依次绘制有源区和N$^+$注入层。

③ 接触孔：在LSW中选择W1 drawing层作为当前层，绘制方形接触孔（0.5μm×0.5μm），孔距0.5μm。

④ 按照上述①—③的步骤，绘制PMOS版图，注意层的切换（SP drawing层），而且

PMOS的外围是N阱（TB drawing）。

⑤ 金属层：在LSW中选择A1 drawing层作为当前层，按照反相器的连接方式，进行金属布线。

⑥ 标记层：在LSW中选择A1TEXT drawing作为当前层，必须在此层上而不是A1层上画Lable（标记），否则验证时，会存在warning。这个步骤绘制的图层只是个标志，在实际制造中是没有这部分内容，主要起到提供标志或注释的目的。

⑦ 添加vdd、gnd、in、out：选择A1TEXT层，点击"Create—Label"，填写名称，将其放置在合适的位置上，版图和电路图上的Label名字需大小写一致。

完成的CMOS反相器版图如图5.30所示。

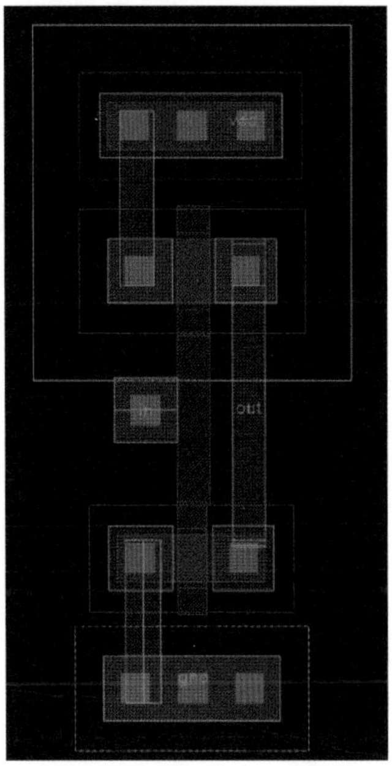

5.4.5 反相器版图验证

在上一部分，以工艺厂商PDK手册里规定的设计规则为准绘制了版图，但刚设计完成的版图不能马上用于制版，还

图5.30 CMOS反相器版图

必须经过版图验证的过程，即使微小的错误都会使制造的芯片报废。只有经历这些验证过程且合格的版图，才能最终导成GDSII形式的文件，交由晶圆厂制版。借助于计算机和EDA软件的强大功能，对版图设计进行高效而全面的验证，尽可能把版图设计中的错误在制版之前全部查出并加以改正，才能保证流片成功率，缩短研发周期，降低成本。

图5.31为集成电路后端验证流程图。集成电路版图常规验证的项目包括下列5项：

① 设计规则检查（Design Rule Check，DRC）。

② 版图与电路图一致性检查（Layout versus Schematic，LVS）。

③ 电学规则检查（Electrical Rule Check，ERC）。

④ 版图寄生参数提取（Layout Parasitic Extraction，LPE）。

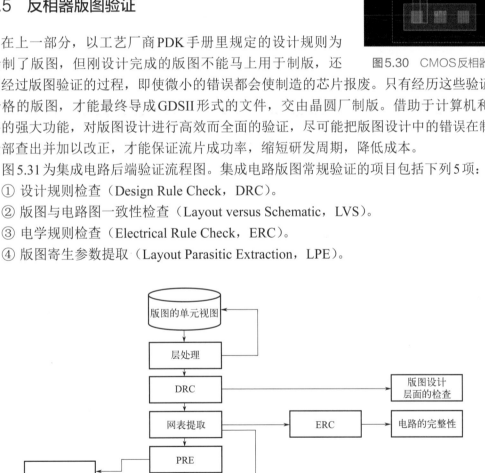

图5.31 集成电路后端验证流程

⑤ 寄生电阻提取（Parasitic Resistance Extraction，PRE）。

在上述项目中，DRC和LVS是必须要做的验证，其余为可选项目。而ERC一般在做DRC的同时完成，并不需要单独进行。接下来，从前面完成的反相器的电路图和版图入手，介绍DRC和LVS的验证流程。

5.4.5.1　DRC

■ （1）前期准备工作

为了便于文件管理，进行DRC前，一般习惯在设计库下建立单独的验证文件夹，以存放技术库的规则文件和验证结果文件等。进行DRC，必须要有相关规则文件。这些规则文件都是用skill语句编写的，文件内容按照一定的编写规则由厂商进行编写，设计者需要了解文件的基本内容，但不允许随意改动。一般工艺厂商会直接提供这些标准规则文件，设计者提前将这些文件放置在计算机中。

① 新建文件夹，名为drc，在终端窗口中，输入：mkdir drc。

② 使用cp命令，将技术库下的规则文件复制在已建立的drc文件夹下，为之后的验证过程做准备，如图5.32所示。一般规则文件的名称比较冗杂，也可以在复制后将其重命名，如将DRACULAIC05DPTM1A6S05.drc改为inv.drc。

图5.32　建立验证路径

■ （2）版图提取

版图提取，可以将版图中的电学元器件、线路等以一种文件格式（.gds）导出。只有经过提取的版图，EDA工具进行验证的时候，才可以与规则文件进行对比，检查版图的设计规则错误。

如图5.33，在CIW窗口中，点击"File—Export—Stream"，打开版图导出窗口，通过Library Browser选择需要导出版图的文件，设置保存导出文件的路径和定义文件名字inv.gds后，根据需要再进行其他内容的设置。最后点击OK后，弹出对话框显示"successfully！！"，版图提取成功，可以进行下面的步骤。

■ （3）规则文件的修改

前面提到规则文件不允许设计人员随意地改动，但是在DRC前，设计者需要对规则文件中的描述块"*DESCRIPTION"进行一定的修改，下面是CSMC 0.5μm的规则文件中的描

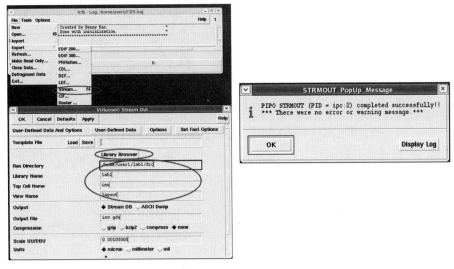

图5.33　版图提取

述块的内容结构（局部）：

```
*DESCRIPTION
;data related parameter
indisk = test.gds              ; 输入验证版图文件的名称，可以带路径，否则为
                                 当前路径

primary =test                  ; 指定所要检查的顶层单元名
outdisk = err.gds              ; 指定存放错误图形信息的文件名
printfile = drc                ; 设置输出DRC报告的文件名
system = GDS2                  ; 指定版图文件的格式，一般为GDS II或者GIF格式
keepdata = inquery             ; inquery指存盘部分中间数据，yes指保留所有中
                                 间数据，no指运行结束后删除

MODE = EXEC NOW               ; 设置执行模式，通常为EXEC NOW，表示立即执行
resolution = .001 micron       ; 指定版图操作时的数据处理精度/分辨率
scale = .001 micron            ; 指定版图内部的图形标尺系数
CNAMES-CSEN = yes             ; 指定在primary等命令中给出的Cell名称大小写
                                 敏感

...

*END
```

一般需要修改前三行信息：indisk、primary、outdisk。

indisk=inv.gds，primary=inv，outdisk=err.gds（也可以选择不修改该项），最后修改后的规则文件，保存之后如图5.34。

■ （4）启动验证工具，执行仿真验证

该流程需要在终端窗口执行，当前工作路径需要切换到已建立的验证文件夹下。PDRACULA是一个预处理器，负责检查规则文件中有无语法错误，若规则文件没有任何问题，结束后会自动生成可执行文件（jxrun.com），运行编译程序，终端窗口动态更新仿真运行的过程，最后结束（THE END OF PROGRAM）。

```
cd空格drc
PDRACULA（大写）
/get空格inv.drc（DRC文件名称），如果
编译无误：
/finish
./jxrun.com
```

```
*DESCRIPTION
;data related parameter
indisk = inv.gds
primary = inv
outdisk = err.gds
printfile = drc
system = GDS2
keepdata = inquery
MODE = EXEC NOW
resolution = .001 micron
scale = .001 micron
text-pri-only = yes
CNAMES-CSEN = YES
TNAMES-CSEN = YES
FLAG-OFFGRID = yes
FLAG-NON45 = yes
FLAG-ACUTEANGLE = yes
CHECK-MODE = FLAT

*END
```

图5.34　DRC规则文件

■ （5）查看验证结果

DRC运行完成后会产生很多文件，其中drc.sum为输出结果，可进入该文件查看错误信息，包括所有的错误种类、显示Cell中错误所在的位置等。对于初学者来说，更加直观地观察版图中的错误，进一步修改错误信息，可以直接进入版图编辑窗口，选择命令"Tools—Dracula Interactive"（图5.35），运行这个命令后，版图菜单栏中命令菜单增加了DRC、LVS和LPE等项。

图5.35　加载DRC验证结果

在菜单栏中，点击"DRC—Setup"，出现对话框，在框内输入drc文件夹路径，点击OK之后，会在编辑窗口出现3个子窗口（图5.36）：

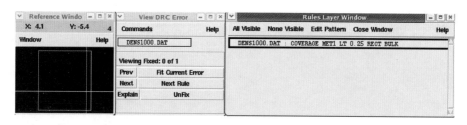

图5.36　观察DRC验证结果

第一个窗口（Reference Window）：显示目前的图形在单元版图中的位置。

第二个窗口（View DRC Error）：显示DRC错误显示的地方。

第三个窗口（Rules Layer Window）：显示DRC错误的种类。

一般来讲，如果严格参照设计手册来进行版图绘制的话，是不会出现过多的DRC错误的。如果出现大量错误，就说明在绘制版图过程中没有严格参照设计规则来进行绘制，这样

就会带来大量的修改工作，有时候工作量比重新设计还要大，所以绘制版图时严格参照设计规则非常重要。但是在设计过程中，由于版图图层的关联性、设计内容的复杂程度等因素，出现错误是在所难免的，有错误出现也不要害怕，按照查错修正的方法一步步进行，就能将错误一一消除。每次修改完版图都需将版图重新导出再进行DRC。

5.4.5.2 LVS

■ （1）前期准备工作

LVS的前期流程与DRC流程很相似，先建立名为lvs的文件夹，将验证的规则文件名DRACULAIC05DPTM6S05.lvs改为inv.lvs并保存。规则文件的修改内容与前面一致。

■ （2）版图提取

导出版图，与DRC不同的是，注意修改Run Directory路径为lvs文件夹的路径，如图5.37。

■ （3）电路网表导出和转换

LVS检查版图与电路图的一致性，需要建立电路网表。如图5.38，在CIW窗口中，点击"File→Export→CDL"，打开CDL导出窗口；通过Library Browser选择需要导出电路图的文件，设置保存导出文件的路径和定义文件名称，最后弹出对话框显示电路网表导出成功。

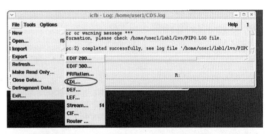

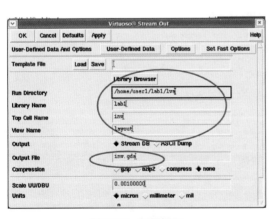

图5.37　版图提取

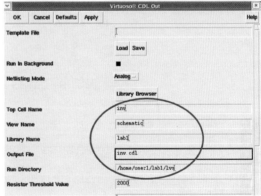

图5.38　电路网表导出

用LOGLVS将电路网表转换成LVS要求格式，即用逻辑网表编译器将电路图的CDL描述转换为晶体管级网表。当前工作路径需要先切换到已建立的验证文件夹lvs下，执行以下指令：

```
cd 空格 lvs
htv
cir 空格 inv.cdl（导出的 CDL 文件）
con 空格 inv（原理图中顶层单元名）
exit
```

■（4）启动验证工具，执行仿真验证

在终端窗口执行的命令与 DRC 基本相似：

```
PDRACULA
/g 空格 inv.lvs（LVS 文件名），如果编译无误：
/f
退出 PDRACULA 界面，查看是否生成 jxrun.com 文件，此文件是真正用来进行 LVS 的
文件，继续以下指令：
./jxrun.com 回车
```

■（5）查看验证结果

LVS 运行完成后同样会产生批量文件，其中 lvs.lvs 为输出结果（图 5.39），可进入该文件查看错误信息，根据报告内容修改电路图或版图错误，再次重新导出后，再进行 LVS，直至版图与电路图完全匹配为止。

```
**********   LVS DEVICE MATCH SUMMARY   **********
*************************************************

NUMBER OF UN-MATCHED SCHEMATICS DEVICES    =    0
NUMBER OF UN-MATCHED LAYOUT      DEVICES    =    0
NUMBER OF    MATCHED SCHEMATICS DEVICES    =    2
NUMBER OF    MATCHED LAYOUT      DEVICES    =    2

*************************************************
********  DEVICE MATCHING SUMMARY BY TYPE  ********
*************************************************

TYPE    SUB-TYPE      TOTAL DEVICE     UN-MATCHED DEVICE
                      SCH.    LAY.     SCH.      LAY.

MOS     NP             1       1        0         0
MOS     NN             1       1        0         0
```

图 5.39　CMOS 反相器的 LVS 输出结果

本章小结

　　本章主要介绍集成电路设计。首先介绍集成电路的概念和发展；接着讨论了集成电路按功能的分类，主要介绍模拟集成电路的设计过程和数字集成电路的设计过程；集成电路的发展离不开 EDA 工具的支撑，介绍了国内国外 EDA 工具的发展；最后基于 EDA 工具，以 CMOS 反相器为实例，分别介绍电路设计、电路仿真、版图设计、版图验证的完整过程。

习题

一、选择题

1. 下面选项不属于版图设计规则的是（　　　）。

   A. 最小宽度   B. 最小间距   C. 最小包围   D. 最小面积

2. 全球EDA工具"三巨头"，不包括下面哪项（　　　）。

   A. Synopsys   B. ANSYS   C. Cadence   D. Mentor Graphics

3. 以下EDA工具属于华大九天的是（　　　）。

   A. Aether   B. Dracula   C. Diva   D. Calibre

4. CMOS反相器的输入端连接在MOS管的（　　　）。

   A. 漏极   B. 源极   C. 衬底   D. 栅极

5. 下面哪个图层用来绘制MOS管的有源区（　　　）。

   A. GT   B. A1   C. TB   D. TO

二、简答题

1. 集成电路按功能分类有哪几种？

2. 版图验证包括哪几项？

3. 为什么CMOS反相器的静态功耗特别低？

4. 什么是工艺设计规则？

5. 电路图设计后，建立symbol的意义是什么？

6. 什么是全定制版图设计？什么是半定制版图设计？两者的区别是什么？

7. NMOS、PMOS器件版图层次分别有哪些？

拓展学习

    通过调研其他工艺厂商的PDK手册，理解不同的设计规则，找出它们之间的共同点和不同点，并通过查阅互联网资料，了解目前最先进的工艺和设计规则，并说一说随着集成电路特征尺寸的缩小，带来的机遇和挑战。

第6章

披袍擐甲
——集成电路封测技术

▶▶ **思维导图**

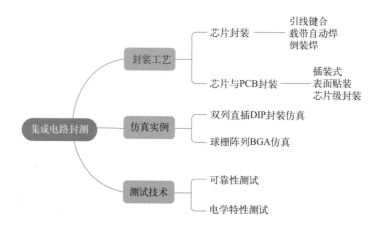

封测是集成电路制造后期的步骤，被称为"后端"，通常被认为没有"前端"制造工艺那样重要。但随着摩尔定律的延伸，人们开始意识到，可以利用芯片的所有部分，包括封装在内进行优化和创新，从而制造出更好的产品。本章对集成电路封测的基本概念、作用、分类等进行阐述，从简单的DIP（双列直插式封装）到先进的3D封装，介绍封装的发展概况，并应用5nm人工智能与集成电路多功能实验实训教学系统进行具体流程演示，最后对测试技术及趋势进行概述。

6.1 封装概述

封装一词用于电子工程的历史并不长。在真空电子管时代，将电子管等元件安装在管座上构成电路设备的过程一般称为组装或装配，当时还没有封装这一概念。直到三极管、IC等半导体元件的出现，改变了电子工程的历史。一方面，这些半导体元件细小易损，尤其集成电路像一块块薄饼一样脆弱、敏感；另一方面，其性能又高，而且多功能、多规格。为了充分发挥其功能，易于进行测试，易于传送，易于返修，引脚便于实行标准化进而利于装配，还要考虑热失配等，需要将半导体元件补强、密封、扩大，以便与外电路实现可靠的电气连接，并得到有效的机械支撑、绝缘、信号传输等。"封装"的概念正是在此基础上出现的。

6.1.1 封装的概念

封装（Packaging，PKG）是指利用膜技术及微细连接技术，将半导体元件及其他构成要素在框架或基板上布置、固定及连接，引出接线端子，并通过塑性绝缘介质灌封固定，构成整体主体结构的工艺，即芯片封装。而广义上的封装是指电子封装工程，即将封装体与基板连接固定，装配成完整的系统或电子设备，并确保整个系统综合性能，使之为人类社会服务的工程。电子封装工程=狭义的封装+装配和组装。

6.1.2 封装的作用及要求

■ （1）电力传输

集成电路封装首先要为芯片提供其工作所需的电压及电流；其次，集成电路封装的不同部位所需的电源有所不同，要能将不同部位的电力分配恰当，以减少电力传输的不必要损耗，这在多层布线基板上尤为重要；同时，还要考虑接地线的分配问题。

■ （2）信号传输

为使电信号延迟尽可能减小，在布线时应尽可能使信号线与芯片的互连路径及通过封装的I/O引出的路径达到最短。对于高频信号还应考虑信号间的串扰，以进行合理的信号分配布线。

■ （3）散热作用

集成电路封装都要考虑各器件、系统长期工作时如何将聚集的热量散出的问题。不同的封装结构和材料具有不同的散热效果，对于功耗大的集成电路封装，还应考虑附加热沉或使用强制风冷、水冷等方式，以保证系统在要求的使用温度范围内正常工作。

■ （4）保护作用

半导体芯片制造出来后，在没有将其封装之前，始终都处于周围环境的威胁之中。在使用过程中，有的环境条件极为恶劣，必须将芯片严加封装。集成电路封装可为芯片和其他器件提供牢固可靠的机械支撑，保护器件免受机械、化学、电磁等因素影响而造成损伤，使器件适应各种工作环境和条件的变化。

■ （5）芯片与主板之间的过渡

由芯片的微细引线间距调整到实装基板的尺寸间距，从而便于实装操作。例如，从亚微米（小于0.13μm）为特征尺寸的芯片到以10μm为单位的芯片电极凸点，再到以100μm为单位的外部引线端子，最后到以mm为单位的实装基板，都是通过集成电路封装来实现的。在这里封装起着由小到大、由难到易、由复杂到简单的变换作用，从而提高工作效率和可靠性，保证实用性或通用性。

6.1.3 封装的分类

■ （1）按封装材料分类

封装按封装材料分类主要分为金属封装、陶瓷封装、塑料封装，如图6.1所示。采用前两种封装的半导体产品主要用于航天、航空及军事领域，而塑料封装的半导体产品在民用领域得到了广泛的应用。目前塑料封装中的树脂封装已占世界集成电路封装市场的98%，97%以上的半导体器件的封装都采用树脂封装，在消费类电路和器件领域基本上是树脂封装一统天下，而90%以上的塑封料是环氧树脂塑封料和环氧液体灌封料。

图6.1 金属封装、陶瓷封装、塑料封装示例

■ （2）按电学互连分类

① 零级封装：晶片级封装，由半导体工艺制造商完成，主要通过电极的制作、引线的连接等实现晶体管等的连接。

② 一级封装：元器件级封装，用封装外壳将单个芯片或多个芯片封装成元器件。该层级封装互联通常有三种实现途径，即引线键合（WB）、载带自动焊（TAB）和倒装焊（FCB），一级封装的外壳可以使用金属、陶瓷、塑料（聚合物）等包封材料。

③ 二级封装：板卡级封装，将一级封装的元器件组装到印刷电路板（PCB）上，包括板上封装单元和器件的互连。除了特别要求外，这一级封装一般不单独加封装体，如计算机的显卡、PCI（外围器件互连）数据采集卡等都属于二级封装。如果二级封装能实现某些完整的功能则单独加封装体。

④ 三级封装：整机的封装，将二级封装的组件插到同一块母板上，也就是插件接口、主板及组件的互连。三级封装可以实现密度更高、功能更全的组装，通常是一种立体组装技术。具体产品例如一台PC（个人计算机）的主机。

完整的微电子封装层次如图6.2所示。

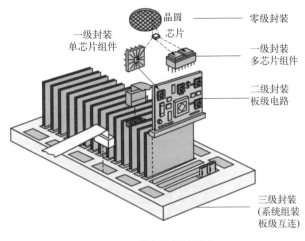

图6.2　微电子封装层次

芯片互连技术主要有引线键合（WB）、载带自动焊（TAB）和倒装焊（FCB）三种，如图6.3所示。早期还有梁式引线结构焊接，因其工艺十分复杂，成本又高，不适于批量生产，已逐渐废弃。以下仅介绍WB、TAB、FCB。

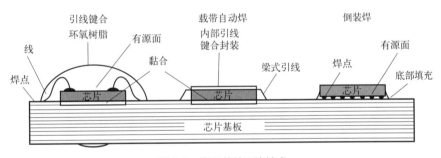

图6.3　常用芯片互连技术

6.2.1　引线键合

引线键合（Wire Bonding，WB）是将芯片焊盘和对应的封装体上的焊盘用细金属丝一一连接起来的方法，是最简单的一种芯片电学互连技术，如图6.4和图6.5所示。按照电气连

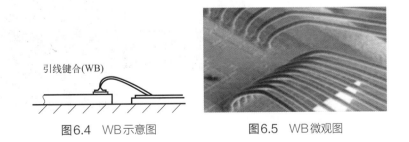

图6.4　WB示意图　　　　图6.5　WB微观图

接方式来看属于有线键合。优势在于：易于实现程序化控制，芯片到基板的互连较灵活，不同设计但具有类似尺寸和接头数目的芯片可以使用同样的基板。劣势在于：一次焊接一个接头，效率较低；引线较长，影响电性能；需要较大尺寸的焊盘，采用周边型封装，不利于提高封装密度。

6.2.2 载带自动焊

载带自动焊（Tape Automated Bonding，TAB）是一种将IC安装和互连到柔性金属化聚合物载带上的IC组装技术，如图6.6和图6.7所示。载带内引线键合到IC上，外引线键合到常规封装或者PCB上，整个过程均自动完成，因此效率比较高。按照电气连接方式来看属于无线键合方法。

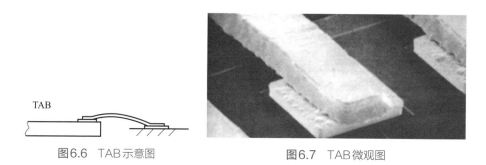

图6.6　TAB示意图　　　　　　　　图6.7　TAB微观图

相对于WB封装而言，其主要优势在于：可以使用较小的焊盘，封装密度比WB要高，适用于柔性封装，重量轻，尺寸小；散热性能好。劣势在于：依然是周边型封装，芯片下方仍有很多未使用区域；晶圆需要增加凸点制造工序。

6.2.3 倒装焊

倒装焊（Flip-chip Bonding，FCB）是指集成电路芯片的有源面朝下与载体或基板进行连接。如图6.8和图6.9所示，芯片和基板之间的互连通过芯片上的凸点结构和基板上的键合材料来实现，这样可以同时实现机械互连和电学互连。为了提高互连的可靠性，在芯片和基板之间加上底部填料。对于高密度的芯片，倒装焊不论在成本还是性能上都有很强的优势，是芯片电学互连的发展趋势。按照电气连接方式来看，属于无线键合方法。优势在于：低电

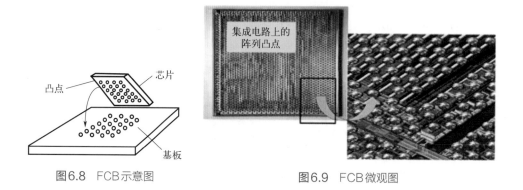

图6.8　FCB示意图　　　　　　　　图6.9　FCB微观图

感低电阻，优异的电性能；高密度互连；一次性整体互连。劣势在于：晶圆需要增加凸点制造工序；组装时较难进行修正；每种芯片都需要进行专门的基板设计。

6.3　典型封装技术

6.3.1　DIP、SIP和PGA——插孔式封装

双列直插式封装（Dual In-line Package，DIP）和单列直插式封装（Single In-line Package，SIP）均属于插孔式封装（Through Hole Mount，THM），主要特点是通过引脚插针完成封装，如图6.10（a）和图6.10（b）所示。SSI和MSI常采用这种封装形式，其引脚数一般不超过100个。采用DIP的芯片有两排引脚，需要插入到具有DIP结构的芯片插座上。而SIP的典型特征是：引脚从封装体一侧引出，排列成一条直线；适合在PCB（印刷电路板）上穿孔焊接，也可以直接插在有相同焊孔数和几何排列的电路板上进行焊接，操作方便；芯片面积与封装面积之间的比值较大，故体积也较大。DIP、SIP封装的芯片在从芯片插座上插拔时应特别小心，以免损坏引脚。

最早的4004、8008、8086、8088等CPU都采用了DIP，其上的两排引脚可插到主板上的插槽或焊接在主板上。在内存颗粒直接插在主板上的时代，DIP曾经十分流行。但是由于其封装面积和厚度都比较大，而且引脚在插拔过程中很容易被损坏，可靠性较差。同时，这种封装方式由于受工艺的影响，引脚一般都不超过100个。随着CPU内部的高度集成化，DIP很快退出了历史舞台。只有在老的VGA/SVGA（视频图形阵列/超级视频图形阵列）显卡或BIOS（基本输入输出系统）芯片上可以看到它们的"足迹"。

同样作为插孔式封装的插针阵列封装（Pin Grid Array，PGA），芯片内外有多个方阵形的插针，如图6.10（c）所示，每个方阵形插针沿芯片的四周间隔一定距离排列，根据引脚数目的多少，可以围成2～5圈。安装时，将芯片插入专门的PGA插座。为了使得CPU能够更方便地安装和拆卸，从486芯片开始，出现了一种ZIF CPU插座，专门用来满足PGA封装的CPU在安装和拆卸上的要求。该技术一般用于插拔操作比较频繁的场合之下。

|(a) DIP|(b) SIP|(c) PGA|

图6.10　插孔式封装

6.3.2　QFP、SOP和BGA——表面贴装式封装

方形扁平式封装（Quad Flat Package，QFP）如图6.11（a）所示，特点在于封装的芯片引脚在四周，引脚之间距离很小，引脚很细，一般SSI、MSI和LSI电路都采用这种封装形

式，其引脚数一般在100个以上。用这种形式封装的芯片必须采用表面贴装技术（Surface Mounting Technology，SMT）将芯片与主板焊接起来。采用SMT安装的芯片，一般在主板表面上有设计好的相应引脚的焊点，将芯片各脚对准相应的焊点，即可实现与主板的焊接，无须在主板上打孔。QFP适用于SMT在PCB上安装布线，它具有操作方便、可靠性高、工艺成熟、价格低廉等优点。但QFP的缺点也很明显，由于芯片边长有限，使得封装的引脚数量无法增加，从而限制了图形加速芯片的发展。平行针脚也是阻碍QFP继续发展的绊脚石，由于平行针脚在传输高频信号时会产生一定的电容，进而产生高频的噪声信号，再加上长长的针脚很容易吸收这种干扰噪声，使得QFP封装的芯片很难工作在较高频率下。此外，QFP封装的芯片面积/封装面积比过小，也限制了QFP的发展。20世纪90年代后期，随着BGA（球阵列封装）技术的不断成熟，QFP逐渐被市场淘汰。

小引出线封装（SOP，Small Outline Package），是类似于QFP形式的封装，只是只有两边有引脚，引脚从封装两侧引出，呈"L"字形，如图6.11（b）。该类型的封装是表面贴装式封装之一，典型特点就是在封装芯片的周围做出很多引脚，封装操作方便，可靠性比较高，是目前的主流封装方式之一，目前比较常见的是应用于一些存储器类型的IC。

球阵列封装（Ball Grid Array，BGA），是在基板的下面按阵列方式引出球形引脚，在基板上面装配LSI芯片（有的BGA引脚端与芯片在基板的同一侧），如图6.11（c）所示，适用于LSI电路。BGA封装的I/O引脚以圆形或柱状焊点按阵列形式分布在封装下面，解决了长期以来QFP等周边引脚封装I/O引脚数不足的问题。

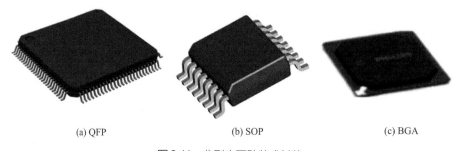

(a) QFP　　　　　　　　(b) SOP　　　　　　　　(c) BGA

图6.11　典型表面贴装式封装

BGA主要特点在于：I/O引脚数增多，但引脚间距远大于QFP，从而组装成品率大幅提高；虽然它的功耗增加，但BGA能用可控塌陷芯片法焊接，简称C4焊接，从而可以改善电热性能；厚度比QFP减少1/2以上，重量减轻3/4以上；寄生参数减小，信号传输延迟小，使用频率大大提高；组装可用共面焊接，可靠性高。但BGA仍与QFP、PGA一样，占用基板面积过大。

6.3.3　CSP——芯片级封装

芯片级封装（CSP，Chip Scale Package）是指封装尺寸不超过裸芯片1.2倍的封装形式。一般认为CSP技术是在对现有的芯片封装技术，尤其是对成熟的BGA技术做进一步技术提升的过程中，不断将各种封装尺寸进一步小型化而产生的一种封装技术。CSP技术可以确保超大规模集成电路在高性能、高可靠性的前提下，以最低廉的成本实现封装的尺寸最接近裸芯片尺寸。与QFP相比，CSP封装尺寸小于引脚间距为0.5mm的QFP的1/10；与BGA相比，

CSP封装尺寸约为BGA的1/3。

当封装尺寸固定时，若想进一步提升引脚数，则需缩小引脚间距。受制于现有工艺，不同封装形式存在工艺极限值。如BGA引脚最高可达1000个，但CSP可支持超出2000个引脚。CSP的主要结构有内芯芯片、互连层、焊球（或凸点、焊柱）、保护层等几大部分。其中，芯片与封装壳是在互连层实现机械连接和电性连接，互连层是通过载带自动焊接或引线键合、倒装芯片等方法，来实现芯片与焊球之间的内部连接，是CSP的关键组成部分。

目前有多种符合CSP定义的封装结构形式，大致分为以下几种：

■（1）柔性基片CSP

顾名思义是采用柔性材料制成芯片载体基片，在塑料薄膜上制作金属线路，然后将芯片与之连接。柔性基片CSP产品中，芯片焊盘与基片焊盘间的连接方式可以是倒装键合、TAB键合、引线键合等多种方式，不同连接方式封装工艺略有差异。

■（2）硬质基片CSP

其芯片封装载体基材为多层线路板制成，基板材质可为陶瓷或层压树脂板。

■（3）引线框架CSP

由日本的Fujitsu公司首先研发成功，使用与传统封装相类似的引线框架来完成CSP。该技术使用的引线框架比传统封装引线框架尺寸稍小，厚度稍薄。

■（4）微小模塑型CSP

由日本三菱电机公司提出的一种CSP形式。芯片引脚通过金属导线与外部焊球连接，整个封装过程中不需使用额外引线框架，封装内芯片与焊球连接线很短，信号品质较好。

■（5）晶元级CSP

由ChipScale公司开发。其技术特点在于直接使用晶元制程完成芯片封装。与其他各类CSP相比，晶元级CSP所有工艺使用相同制程完成，工艺稳定。基于上述优点，晶元级CSP有望成为未来的CSP的主流方式。

6.4 封装工艺流程

封装流程通常分为两个阶段：封装材料成型之前的工艺步骤称为前段操作，材料成型之后的工艺步骤称为后段操作。前段操作所需的环境洁净度要求高于后段操作。

典型的采用WB互连技术的封装流程：晶圆减薄→贴膜→晶圆切割→芯片黏结→芯片互连→成型技术→去飞边毛刺→上焊锡→切筋成型→表面打标。

■（1）晶圆减薄

常用的晶圆减薄技术有：磨削、研磨、化学抛光、干式抛光、电化学腐蚀、湿法腐蚀、等离子增强化学腐蚀、常压等离子腐蚀等。背面研磨工艺会产生应力并传到晶圆本体上，导致晶圆变脆，通常使用图6.12所示的4种方式消除应力。

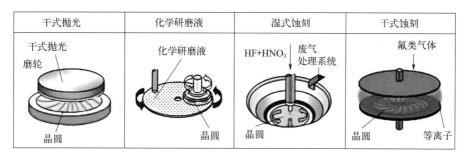

图6.12　常用去应力方式

■ （2）贴膜

减薄后的晶圆需要粘在一个带有金属环或塑料框架的薄膜上（常称为蓝膜），再送去划片。通常，晶圆贴膜是晶圆切割的前序步骤，黏结底膜是为了保证切割后芯片不会散落。

■ （3）晶圆切割

用机械的方式对晶圆进行切割。为了解决薄型晶圆的背面崩裂，使用由微细磨粒构成的磨轮刀片进行加工，这是减轻对其冲击力的关键因素。采用激光开槽加工工艺，如图6.13所示，加工后的切割宽度小，与刀片相比切割槽损失少，所以可以减小芯片间的间隔。

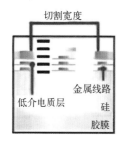

图6.13　激光开槽加工工艺

■ （4）芯片黏结

芯片黏结，也称芯片贴装，是将芯片固定于封装基板或引脚架芯片的承载座上的工艺过程。目标是实现芯片与框架、基座的连接，如图6.14所示。按照基座材料的不同，通常使用共晶粘贴法、焊接粘贴法、导电胶粘贴法等完成黏结。

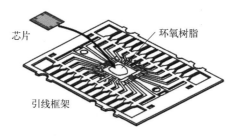

图6.14　塑料封装的芯片黏结示意图

■ （5）芯片互连

半导体失效约有1/4～1/3是由芯片互连所引起，因此芯片互连对器件可靠性意义重大。6.2节介绍了常用的互连技术。引线键合（WB）需控制压力、超声、时间、温度来精确完成键合。如图6.15所示，首先打火杆在瓷嘴前烧球，触头下降到芯片上，控制压力形成第一焊点；之后，触头再牵引引线上升，触头运动轨迹形成良好的引线弧度，触头再下降到框架形成焊接；接下来触头侧向划开，将引线切断，形成楔形接点；最后触头上提，完成一次动作。

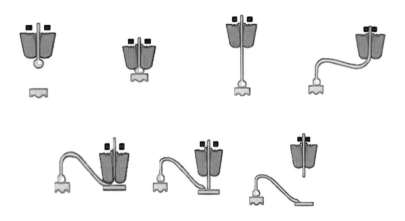

图6.15　WB（引线键合）流程

而倒装焊（FCB）是通过芯片上的凸点直接将元器件朝下互连到基板（图6.16），所以需要额外在芯片上制作凸点。凸点的制作需要蒸发或溅射工艺。

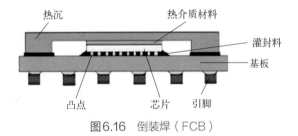

图6.16　倒装焊（FCB）

■ （6）成型技术

将芯片与引线框架用塑料、金属、陶瓷等材料包装起来。塑料封装是最常用的方式，占据90%的市场。成型技术包括转移成型技术、喷射成型技术、预成型技术。

■ （7）去飞边毛刺

目的在于去除成型技术后在管体周围多余的溢料。通常采用介质去飞边毛刺、溶剂去飞边毛刺、水去飞边毛刺等方法。

■ （8）上焊锡

封装后要对框架外引线进行上焊锡处理，目的是在框架引脚上做保护层和增加其可焊性。上焊锡可用两种方法，即电镀和浸锡。

■ （9）切筋成型

切筋，即将芯片及框架切割成单独的单元。对切筋后的IC产品进行引脚成型，达到工艺需要的形状并放置进包装中。

■ （10）表面打标

表面打标是在封装模块的顶面印上去不掉的、字迹清楚的标识，包括制造商的信息、国家、器件代码等。印码方法包括油墨印码和激光印码。

6.5 封装工艺实例

对应6.4节中介绍的封装工艺流程，使用Hugbing Technologies公司的5nm人工智能与集成电路多功能实验实训教学系统，完成虚拟实操，学习并掌握DIP及BGA的封装原理及流程。

6.5.1 DIP实例

将基础数据通信板卡和原测试单元（SUM）板卡连接，启动多功能实验基础平台和实验用半导体参数分析仪，在实验用半导体参数分析仪上打开HSLab软件，从多功能实验基础平台上选择半导体封装操作实训内容。

要求完成DIP的晶圆和芯片信息如下：

晶圆尺寸：12in（300mm）

晶圆初始厚度：725μm；目标厚度：400μm

芯片（Die）尺寸：2.5mm×3.5mm

芯片引脚数量：16

引脚框架尺寸：345mm×70mm

如图6.17，引线框架中一个芯片对应的框架长度为13.8mm，宽度为23.33mm，横向会排列25个，纵向排列3个，故引线框架尺寸为345mm×70mm。

① 晶圆减薄（图6.18）：使用减薄机，主要用于将完成制造的晶圆减薄，研磨晶圆的背面，达到封装需要的厚度。通常，封装需要的厚度（即目标厚度）为300 ～ 500μm。在减

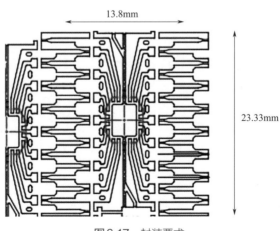

图6.17　封装要求

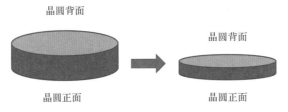

图6.18　晶圆减薄示意图

薄过程中，通常先进行粗减薄，再进行细减薄，最后进行晶圆的清洗。其中，粗减薄（Z1）的研磨厚度要在150～300μm间，研磨速率在5～7μm/s为宜，转速在180～220r/min为宜；细减薄（Z2）的研磨厚度要大于75μm，研磨速率在2～4μm/s为宜，转速在80～120r/min为宜。并且，Z1研磨厚度＋Z2研磨厚度＋晶圆目标厚度=晶圆初始厚度。

②晶圆贴膜（图6.19）：在晶圆切割之前，需要在晶圆具有电路结构的一面贴膜，保护该电路结构，因此保护膜的质量决定了切割的精度与质量。

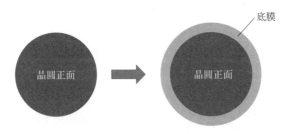

图6.19　晶圆贴膜

③晶圆切割：将晶圆进行切割，形成排列整齐的芯片（俗称裸片，Die），需要设置的设备参数包括：

a. 切割范围：切割范围取决于晶圆的尺寸，比如12in晶圆的直径为300mm（12in约等于305mm，但实际晶圆直径为300mm，称12in是约定俗成），切割范围为300mm。

b. 切割速度：通常，切割机的切割速度在550～650mm/s。

c. 水平定位精度和垂直重复定位精度：通常，定位精度在1～3μm。

④显微镜检测：主要检查芯片封装过程中的主要步骤是否合格。比如，晶圆切割后需要通过显微镜检查晶圆切割后效果，芯片黏结后需要检查黏结引线和框架效果，引线键合后需要通过显微镜检查键合后的引线框架效果，打标后需要检查标签是否清晰，切筋成型后需要检查封装引脚的效果等。

⑤芯片黏结至引线框架：将切割好的芯片从晶圆取出，与引线框架基座黏结到一起，这一过程被称为Die Bond（芯片黏结），如图6.20所示。通常设备参数：芯片黏结速率为

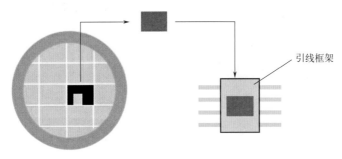

图6.20　芯片黏结

1100～1300个/h，芯片黏结精度为3～5μm，水平方向的移动分辨率为0.1～0.3μm，垂直方向的移动分辨率为0.4～0.6μm。

⑥ 引线键合：将芯片的引脚与引线框架对应的引脚连接到一起，这一过程被称为Wire Bond（引线键合），如图6.21和图6.22所示。需要关注的参数包括：芯片焊盘数量就是芯片引脚数量，芯片引线键合速率通常在11s/wire至13s/wire之间，芯片引线的间距通常在50～80μm，芯片引线键合重复定位的精度通常在±2～±4μm。

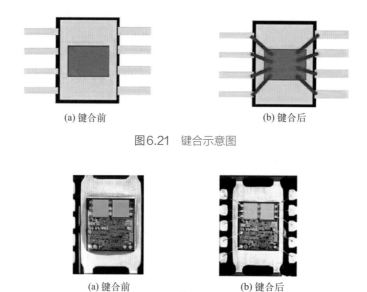

(a) 键合前　　　　　　　　　　　　　(b) 键合后

图6.21　键合示意图

(a) 键合前　　　　　　　　　　　　　(b) 键合后

图6.22　键合实物

⑦ 芯片注塑（图6.23）：主要作用是为芯片外封模塑料，形成芯片封装的主体结构。封装引脚数量就是芯片的引脚数量，注入材料通常是环氧树脂模塑料。

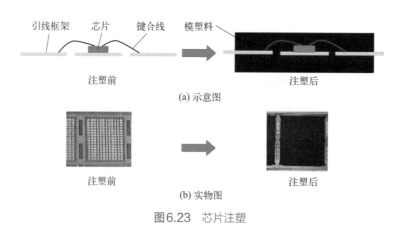

引线框架　芯片　键合线　　模塑料

注塑前　　　　　　　　　　　　　注塑后

(a) 示意图

注塑前　　　　　　　　　　　　　注塑后

(b) 实物图

图6.23　芯片注塑

⑧ 激光打标（图6.24）：在封好模塑料的外壳上进行刻字和丝印，形成带标识的芯片外形。需要设置的设备参数包括：定位精度通常为±0.1～±0.3mm，工件尺寸就是所用的引线框架尺寸或陶瓷针阵列带针基板尺寸，激光通常选择光速质量因子小于1.8的1064nm CO_2 激光或者355nm UV激光。

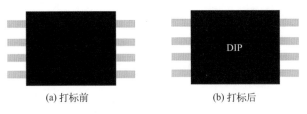

(a) 打标前   (b) 打标后

图6.24   激光打标

⑨ 标签高温固化：通过高温将封装固化，保护IC内部结构，消除内部应力。一般注塑、打标或芯片黏结后固化温度为170 ～ 180℃，固化时间通常为8 ～ 10h。

⑩ 等离子清洗（图6.25、图6.26）：目的是去除注塑并固化后管体周围的残留物，形成干净的芯片模塑料结构。通常等离子体清洗时间为40 ～ 80s。

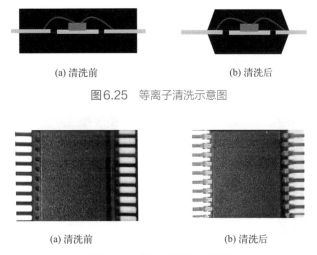

(a) 清洗前   (b) 清洗后

图6.25   等离子清洗示意图

(a) 清洗前   (b) 清洗后

图6.26   等离子清洗实物图

⑪ 引脚电镀（图6.27）及固化：电镀引线框架主要是给引线框架镀上一层镀层，以防止外界环境的影响，比如潮湿和热，并且使元器件在PCB上容易焊接及提高导电性。电镀材料一般为Sn，电镀的厚度在10 ～ 15μm之间为宜。电镀后需高温固化。

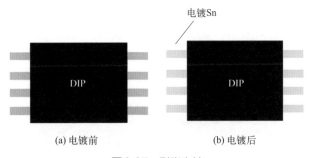

(a) 电镀前   (b) 电镀后

图6.27   引脚电镀

⑫ 芯片引脚切筋成型（图6.28）：将芯片的引脚制作成最终芯片的引脚结构。所选的电镀材料与引脚电镀材料一致，需要输入的封装引脚数量就是芯片引脚数量。

⑬ 切筋成型后显微镜检测。

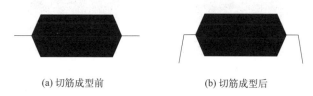

(a) 切筋成型前　　　　　　　　(b) 切筋成型后

图6.28　切筋成型

6.5.2　BGA实例

本节以球阵列封装（BGA）中的细间距球阵列封装（FBGA）为例，在传统DIP基础上，考虑不同之处，完成虚拟实操，学习并掌握BGA的封装原理及流程。

细间距球阵列是一种在底部有焊球的面阵引脚结构，使封装所需的安装面积接近于芯片尺寸。FBGA是不带针式结构的，直接焊在主板上，不可随意拆卸。与DIP相比，FBGA需要用可控塌陷芯片法焊接，简称C4焊接。

① 第一步同样需要晶圆减薄：减薄后的晶圆中，单个芯片的俯视图和截面图如图6.29所示。

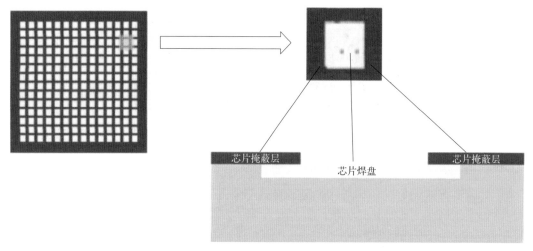

图6.29　减薄后芯片

② 有机薄膜涂覆：主要用于在晶圆级封装中涂覆有机薄膜，如图6.30所示，增强硅片的钝化作用，起到凸点形成和装配工艺的应力缓冲的作用。通常，涂覆材料为聚酰亚胺（PI），涂覆的厚度为$8\sim15\mu m$。

(a) 涂覆前　　　　　　　　　　　　　　　　　(b) 涂覆后

图6.30　有机薄膜涂覆

③ 光刻FBGA-Pad窗口（图6.31）：主要用于对固定位置进行光刻，通过光刻，将不需要操作的位置进行掩蔽，露出需要操作的位置。在封装过程中，光刻常用于晶圆级封装等先进封装中，对焊盘等位置进行精细操作。光刻所需要的设备操作参数主要包括以下几部分：

a. 选择所需的光刻掩膜版图形：根据光刻目的，结合封装形式进行选择，具体将在后续实验中需要光刻的位置进行说明。

b. 光刻工艺步骤：光刻工艺步骤分为两类。

第一类：如果光刻前已经在晶圆上涂覆有机薄膜，则只需要软烘、对准和曝光、曝光后烘焙、显影、坚膜烘焙和显影检查。

第二类：如果光刻前没有在晶圆上涂覆有机薄膜，则需要在第一类的基础上增加淀积底膜的工序，进行气相成底膜、旋转涂胶、软烘、对准和曝光、曝光后烘焙、显影、坚膜烘焙、显影检查共计八步操作。

④ 物理气相淀积：用于晶圆上淀积厚度较薄的金属层，如Ti、Cu（图6.32、图6.33）等。淀积的厚度一般为0.1 ~ 0.3μm。

⑤ 光刻FBGA-Bump窗口：可参考步骤③进行，如图6.34。

图6.31 光刻FBGA-Pad窗口 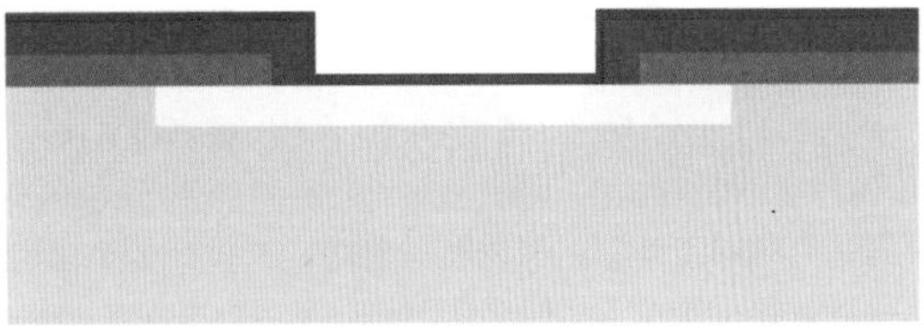　　　　　　　　图6.32 淀积Ti

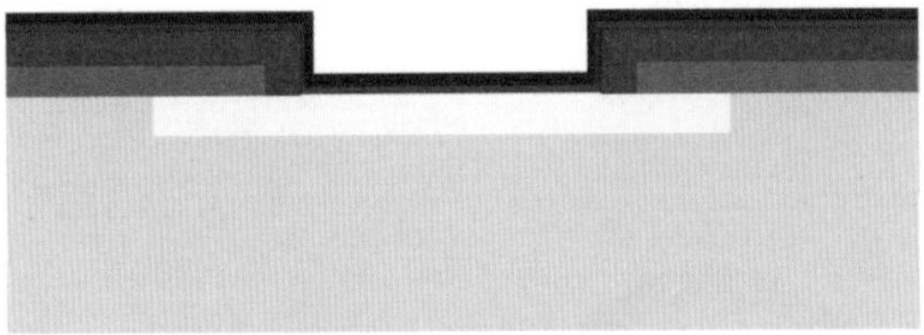

图6.33 淀积Cu 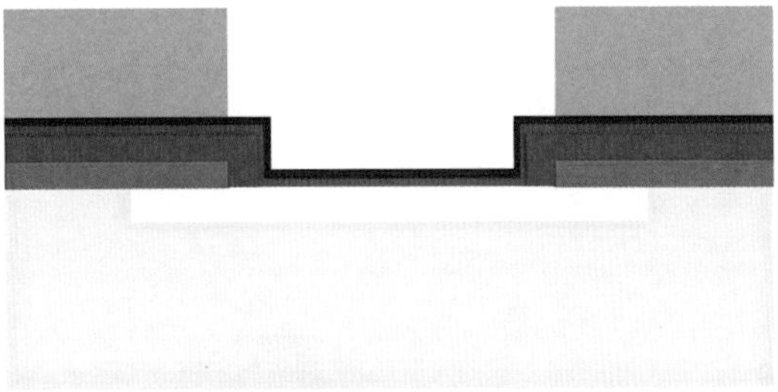　　　　　　　　图6.34 光刻FBGA-Bump窗口

⑥ 电镀：为了让使用者更加清晰地选择电镀设备，在本系统的设备选择项中，针对传统封装形式（引线框架封装）的电镀设备称为电镀设备（引线框架），针对先进封装形式（晶圆级封装）的电镀设备称为电镀晶圆。电镀晶圆主要作用是用于电镀晶圆级封装中的金属电镀层。在晶圆级封装中要进行两次电镀（图6.35）：第一次电镀Cu（作为过渡金属使用），电镀厚度在70 ~ 100μm间；第二次是电镀Sn（作为焊球使用），电镀厚度为55 ~ 90μm。

⑦ 光刻胶刻蚀和金属刻蚀：光刻胶刻蚀如图6.36所示；晶圆上金属的刻蚀，如Cu、Ti和Cu+Ti等，如图6.37所示。

⑧ 回流焊：主要用于晶圆级封装中，将电镀好的Sn回流成液态，形成焊球，如图6.38所示。

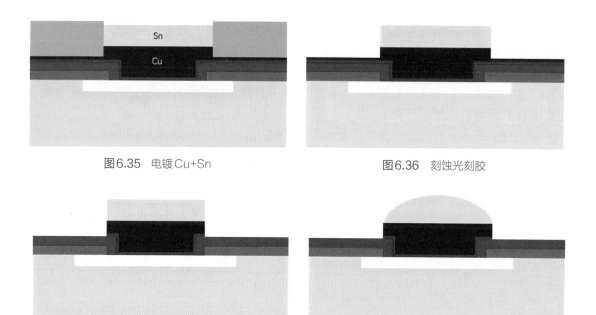

图6.35 电镀 Cu+Sn   图6.36 刻蚀光刻胶

图6.37 刻蚀金属 Ti+Cu   图6.38 回流焊形成焊球

⑨ 晶圆贴膜、晶圆切割：步骤与 DIP 相同，如图 6.39、图 6.40 所示。

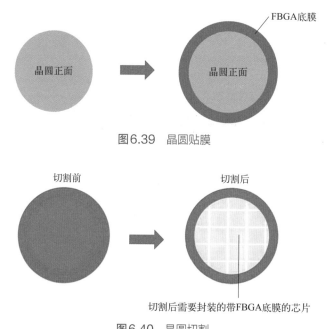

图6.39 晶圆贴膜

图6.40 晶圆切割

⑩ 倒装芯片键合：将芯片从底膜中取出，与 FBGA 基板对应的焊点位置进行键合，如图 6.41 所示。由于是需要将芯片反向放置，所以称作倒装芯片键合。

⑪ 添料涂布：将已经完成倒装键合的芯片和基板填充保护层，如图 6.42 所示，填料主要是环氧树脂混合物和 SiO_2 颗粒。

⑫ 植球：将已经完成填充保护层的基片焊接焊球，如图 6.43 所示，植球的类型通常是

Sn球，植球的介质通常是Sn膏。

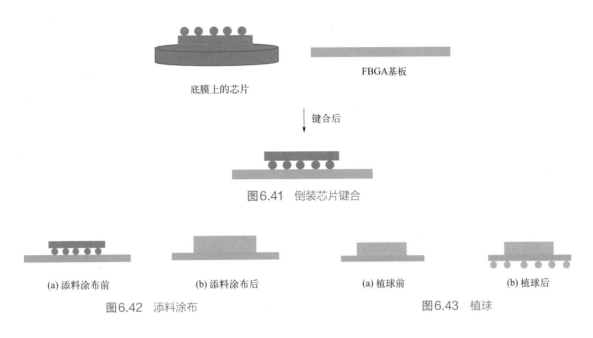

图6.41 倒装芯片键合

(a) 添料涂布前   (b) 添料涂布后   (a) 植球前   (b) 植球后

图6.42 添料涂布   图6.43 植球

6.6 3D封装技术

根据国际集成电路技术发展线路图的预测，未来集成电路技术发展将集中在以下3个方向：①继续遵循摩尔定律，缩小晶体管特征尺寸，以继续提升电路性能、降低功耗，即More Moore；②向多类型方向发展，拓展摩尔定律，即 More Than Moore；③整合System on Chip（SoC，系统级芯片）与System in Package（SiP，系统级封装），构建高价值集成系统。在后两个发展方向中，先进封装技术的重要性得到空前加强，先进封装技术的研发成为持续推进半导体产品性能提升和功耗降低的关键因素，也使把不同工艺节点的IC集成到一个SoC或SiP上成为可能。封装技术由二维向三维发展，这也是现阶段和今后相当一段时间内的最佳解决方案。

传统的2D集成电路倒装芯片和晶圆级封装技术在过去已经显示出了稳健的增长，并且在许多主流应用中得到了广泛使用，主要是高端智能手机和平板设备，这些设备必须满足尺寸和电源管理的严格要求。倒装芯片封装技术主要是在制造的晶圆的顶侧上施加焊接凸点（Bump），然后集成电路可以翻转并与外部电路上的焊点对齐达到连接。这种封装形式占有的空间更少，并且提供了更高的输入/输出速率，因为芯片的整个表面区域都可以用于互连，而不像传统的引线键合方法中只有外部边缘才用来连接。在晶圆级封装中，集成电路在硅工艺阶段就已经实现了封装，这意味着封装尺寸与芯片尺寸相同并且制造工艺流线化，这是因为导电层和焊接凸点在切片之前就已经形成了。

3D封装技术作为集成电路封装领域发展前景最好、最具代表性的技术，其在信息、能源、通信等各类产业领域都具有极高的应用价值。

目前该技术主要有三种（图6.44）：叠层型3D封装（PoP）、硅圆片规模集成（WSI）封装以及埋置型3D封装。

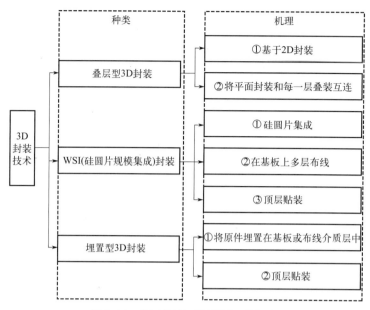

图6.44　3D封装技术种类及工艺机理

WSI封装是先进行硅圆片集成，然后进行源基板的多层布线，最后利用SMC（表面安装元件）与SMD（表面安装器件）进行顶层贴装，以达到立体封装的目的。埋置型3D封装，是将各种元器件如IC元器件、R（电阻）元器件、C（电容）元器件等埋置各种基板中，或埋置布线介质层中，然后通过SMC与SMD进行顶层贴装，即可达到立体封装的目的。在3D封装技术中发展最为迅速的是叠层型3D封装。

叠层型3D封装主要优势为：

① 采用"叠装互连"的封装方法，推动封装的体积向小型化发展；

② 相比之下，叠层型3D封装具有更好的兼容性，易于进行规模化的生产；

③ 3D封装技术功耗小，可使3D元件以更快的转换速度运转，提高工作效率。

如今3D封装已从芯片堆叠发展到封装堆叠，在2D平面电子封装的基础上，利用高密度的互连技术，让芯片在水平和垂直方向上获得延展，在其正方向堆叠2片以上互连的裸芯片封装，实现高带宽、低功耗。叠层型3D封装分为三大类：载体叠层、裸芯片叠层（硅片叠层）、硅圆片叠层（WIP）。

其中，裸芯片叠层（硅片叠层）型3D封装分为两种（图6.45）：

① 引线键合式：使用细金属线，使芯片的I/O端与对应的封装引脚或基板上布线焊区互连，在此基础上利用加热、加压、超声波能量等营造塑性变形，使金属引线与基板焊盘紧密焊合，由此实现芯片与基板间的电气互连和芯片间的信息互通。

② 硅片穿孔式：在硅片穿孔后形成的通孔中填充金属，在元件具有导电性的基础上即可实现孔内金属焊点和金属层在垂直方向的互相连通。

硅片穿孔式基于穿透硅通孔（TSV）技术，在先进的三维集成电路设计中提供多层芯片之间的互连功能，是通过在芯片和芯片之间、晶圆和晶圆之间制作垂直导通，实现芯片之间互连的技术。TSV能够使芯片在三维方向堆叠的密度最大、外形尺寸最小，并且具有大大改善芯片速度和降低功耗的性能。TSV工艺过程如图6.46所示。

一方面，由于该技术具有体积小、多功能性、集成度高的优势，因此其在便携式电子产

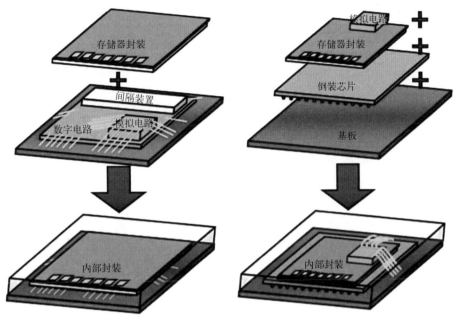

(a) 引线键合式叠层型3D封装

(b) 硅片穿孔式叠层型3D封装

图6.45　裸芯片叠层型3D封装两种互连技术

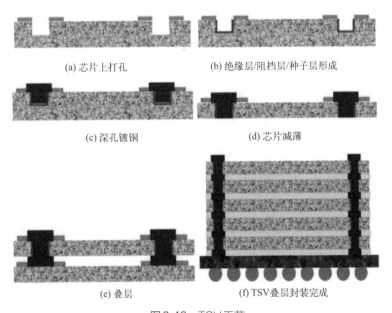

(a) 芯片上打孔

(b) 绝缘层/阻挡层/种子层形成

(c) 深孔镀铜

(d) 芯片减薄

(e) 叠层

(f) TSV叠层封装完成

图6.46　TSV工艺

品领域具有极为广泛的应用，例如：移动端设备、MP3、数码相机等小型电子产品。另一方面，在我国不断推进芯片技术的过程中，阻碍其发展的一大因素是芯片的数据传输速度。随着芯片工作时间的增加，组成芯片的各元件寿命降低，会导致芯片间的数据传输速度变慢。而叠层型3D封装技术具有高效率、规模化程度高的特点，可以在降低生产成本的同时，提高芯片运转过程的工作速度。

任何集成电路不论在设计过程中经过了怎样的仿真和检查，在制造完成后都必须通过测试来验证设计和制作的正确性。

大体上会从两方面进行测试，即质量测试和可靠性测试。其中，质量检测，是检测产品可用性，即是否符合使用要求，主要是电学特性测试，一般采用非破坏性测试。而可靠性测试，是测试产品的耐用性、寿命和寿命的合理性，通常采用加速测试的方法及极端测试法等，是破坏性测试或对产品性能有影响的测试。

测试的意义包括：

① 直观地检查设计的具体电路能否像设计者要求的那样正确工作。

② 确定电路失效的原因和所发生的具体部位，以便改进设计和修正错误。

6.7.1 可靠性测试

可靠性测试是为评价和分析集成电路可靠性进行的测试。可靠性测试的目的在于检验封装芯片的可靠度性能。可靠性测试结果应如实反馈回封装设计工艺端，从而有助于通过调整材料和工艺来改善产品的可靠性。

统计学上的浴盆曲线（Bathtub Curve）很清晰地描述了生产厂商对产品可靠性的控制，也同步描述了客户对可靠性的需求。如图6.47所示的早夭区是指短时间内就会被损坏的产品，也是生产厂商需要淘汰的、客户所不能接受的产品；正常使用寿命区代表客户可以接受的产品；耐用区指性能特别好且耐用的产品。由图6.47的浴盆曲线可见，在早夭区和耐用区，产品的不良率一般比较高。在正常使用寿命区，才有比较稳定的优良率。大部分产品都是在正常使用寿命区的。可靠性测试就是为了分辨产品是否属于正常使用寿命区的测试，解决早期开发中产品不稳定、优良率低等问题，提高技术水平，使封装生产线达到优良率高、稳定运行的目的。

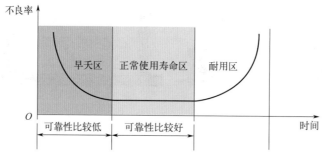

图6.47　统计学上的浴盆曲线

在封装业的发展史上，早期的封装厂商并不把可靠性测试放在第一位，人们最先重视的是产能，只要有一定生产能力就能营利。到了20世纪90年代，随着封装技术的发展，封装厂家也逐渐增多，产品质量就摆到了重要位置，谁家产品的质量好，谁就占绝对优势，于是质量问题成了主要的竞争点和研究方向。进入21世纪，当质量问题基本解决以后，厂商之间的竞争重点放在了可靠性上，在同等质量前提下，消费者自然喜欢高可靠性的产品，于是可靠性显示出了重要性，高可靠性是现代封装技术研发中的重要指标。

失效机理主要由两方面构成，即电子组装失效和电化学失效。以下分别介绍两种失效机理。

① 电子组装失效：电子组装失效测试目的在于确定组装完成的电路的性能优劣程度和寿命。失效主要出现在三个方面，即元器件、PCB和互连焊点，从失效原因角度来看又分为机械失效、热致失效，其中元器件失效以热致失效为主。

机械失效：过载与冲击失效、振动失效。

热致失效：长时间高温或温度循环。

热应力来源于PCB制造过程中的热冲击或热循环、组装过程中的热冲击或热循环、工作过程中的热循环。

② 电化学失效：主要来自导电污染物引起桥连；电化学腐蚀；导电阳极极丝生长，即阴极孔洞；锡（晶）须问题。

一个良好的封装体必须具有良好的耐湿、耐高温能力，表6.1中六个测试项目均与温度和湿度密不可分，芯片封装体的失效或寿命不合格多是因为热、湿引起的综合作用。各测试项目均有一定的针对性和具体操作方法，有一定的顺序，均采用随机抽样进行测试。不同企业的可靠性测试类型不完全相同，但基本包含表6.1中的测试：

表6.1　可靠性测试项目

可靠性测试项目	测试项目简称
预处理测试（Preconditioning Test）	Precon Test
温度循环测试（Temperature Cycling Test）	T/C Test
热冲击测试（Thermal Shock Test）	T/S Test
高温储藏测试（High Temperature Storage Test）	HTS Test
温度和湿度测试（Temperature & Humidity Test）	T&H Test
高温蒸煮测试（Pressure Cooker Test）	PC Test

■ （1）预处理测试（Precon Test）

预处理测试是指在产品出厂前模拟产品达到客户端前可能经历的实际阶段，并将模拟后的产品用于后续可靠性测试的样品。电子产品的成品与半成品在到达客户之前有一段较长时间的间隔，且需要经历包装和运输等阶段的外界干扰，存在潜在损坏产品的因素，尤其国际合作化和代工加工。预处理测试模拟了产品由芯片制造企业到最终客户端的全过程，如图6.48所示。只有通过了Precon测试，产品才能进入后续测试项目。

预处理过程中，通常采用加速试验的方式，不改变失效机理前提下，通过强化试验条件使受试产品加速失效，便于较短时间内获得必要信息，以评估产品在正常条件下的可靠性指标。加速试验有助于产品尽早投放市场，但不能引入正常使用中不发生的故障模式。在加速试验中要单

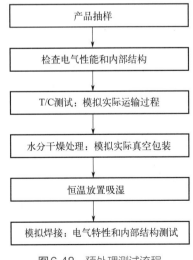

图6.48　预处理测试流程

独或者综合使用加速因子，包括更高频率功率循环、更高的振动水平、高温高湿、更严酷的温度循环。

预处理测试中常见芯片问题：爆米花效应（高温下，由于元器件吸收过多潮气产生的塑封体开裂现象，如图6.49所示）、分层开裂和电路失效等。

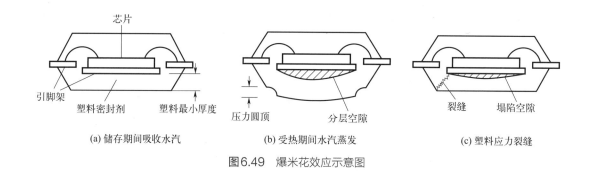

(a) 储存期间吸收水汽　　　　(b) 受热期间水汽蒸发　　　　(c) 塑料应力裂缝

图6.49　爆米花效应示意图

■ （2）温度循环测试（T/C Test）

T/C测试即温度循环测试，测试进行时需要控制测试设备四个参数：热腔温度、冷腔温度、循环次数和芯片停留时间。测试设备由一个热气腔和一个冷气腔构成，腔内分别填充热、冷空气（温差越大，通过测试的产品的可靠性越高）。

在封装体中，有多种材料，材料之间都有相应的接合面，在封装体所处环境的温度有所变化时，封装体内各种材料就会有热胀冷缩效应，而且材料热胀系数不同，其热胀冷缩的程度将有所不同，这样原来紧密接合的材料接合面就会出现问题。如图6.50所示，热胀冷缩的主要的材料包括框架的Cu材料、芯片的硅材料、连接用的金线材料，还有芯片黏合的胶体材料。其中EMC（环氧树脂模塑料）与硅芯片、框架有大面积接触，比较容易脱层，硅芯片与黏合的硅胶、硅胶和框架之间也容易在T/C测试中失效。

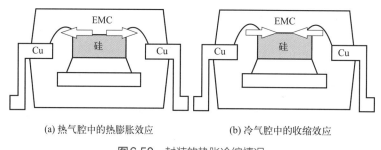

(a) 热气腔中的热膨胀效应　　　　(b) 冷气腔中的收缩效应

图6.50　封装的热胀冷缩情况

芯片表面的脱层可能会导致电路断路、短路。通常解决方案在于：材料选择匹配性要好，增加缓冲材料层。

■ （3）热冲击测试（T/S Test）

T/S测试指温度冲击试验，用来测试封装体抗热冲击的能力，测试设备如图6.51所示。与温度循环区别在于热量的加载速度，热冲击是骤冷骤热的。测试参数选择及产品性能测试

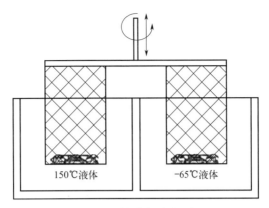

图6.51　热冲击测试设备

与温度循环相类似。高温下，半导体材料活化性增强，物质间扩散加剧，使得机械特性差的材料易损坏。

解决方案在于：采用同种物质连接电路，增加扩散阻挡层，避免产品长时间处于高温环境。

■ （4）高温储藏测试（HTS Test）

HTS测试指测试样品长时间暴露于高温环境下的耐久性试验。将封装产品放置在惰性气体保护环境下测试其电性能和其他性能。

■ （5）温度和湿度测试（T&H Test）

T&H测试常称为蒸煮测试，是测试芯片封装体在高温、潮湿环境下的耐久性试验。测试在等压、恒温、恒湿锅体中进行，试验结束后测定封装体电路通断特性。主要由于塑封EMC材料吸湿性强，内部电路在潮湿环境下很容易漏电和短路。

解决方案在于通过改善材料成分控制吸湿性。

■ （6）高温蒸煮测试（PC test）

PC测试又称为高压蒸煮测试，是在T&H测试基础上增加环境压强以缩短测试时间，实验工具为"高压锅"。PC测试最后同样是测试产品的电路通断特性，特别是封装框架和EMC材料的结合处，采用UV光照射检测。

6.7.2　电学特性测试

电学特性测试通常有两种基本形式。

完全测试：对芯片进行全部状态和功能的测试，要考虑集成电路的所有状态和功能，即使在将来的实际应用中有些并不会出现。完全测试是完备集。在集成电路研制阶段，为分析电路可能存在的缺陷和隐含的问题，应对样品进行完全测试。

功能测试：只对集成电路设计之初所要求的运算功能或逻辑功能是否正确进行测试。功能测试是局部测试。在集成电路的生产阶段，通常采用功能测试以提高测试效率，降低测试成本。

集成电路测试中通常考虑的失效有：固定错误（Stuck at Faults）、干扰错误（Bridging Faults）、固定开路错误（Stuck Open Faults）、图形敏感错误（Pattern Sensitive Faults）。前两种失效存在于各种工艺的数字集成电路中，固定开路错误通常存在于CMOS工艺的数字IC测试，而最后一种，一般存在于具有规则结构的特定器件，如RAM（随机存储器）和ROM（只读存储器）。

另外，数字集成电路中还存在一些偶发性错误，可分为两类，即传输错误和间歇性错误。传输错误指射线、电源电压波动等造成的数据错误，间歇性错误指电路中的某些不当造成的随机出现的错误。在产生测试图形时充分考虑以上的问题，以最大限度地覆盖可能存在的失效。

电学性能测试有以下几种方法。

① 边界扫描（Boundary-Scan，BS）法，是在芯片电路和引脚之间安置专用的单元，把电路与外围隔开。这样，如果芯片已装在一个系统中但又需要对它进行测试，就不费事了。此外，用边界扫描也可对印刷板的布线结构以及最后的复杂系统进行测试。边界扫描能完成，较大系统芯片测试（在系统验证）。这里边界扫描的任务是：把测试输入通过TDI（测试数据输入）串行传送到芯片上，并把测试结果通过TDO（测试数据输出）串行读出；印刷板上的线路测试。让芯片输出一个识别码到边界扫描上，这样可以检查在哪一行上芯片与边界扫描是接通的。芯片通过特征码分析进行自测试，只要芯片配有边界扫描，就可以使用自测试寄存器用的边界扫描单元。这样，自测试所需辅助硬件明显减少了，可以与扫描路径组合。当芯片配有边界扫描时，可把测试方式中的内部检测路径与边界扫描构成一体，使得内触发器通过边界扫描从外部就可存取，这样就为扫描路径节约了隔离用的引脚。

② IDDQ（直接漏极静态电流）测试分析法，是检查芯片在稳定状态下的电流消耗。当放置某些测试模板时，芯片电流消耗显示有明显提高，这表明该芯片有故障，如图6.52所示。从提高了的电流消耗中可以推断，在生产过程中出现了缺陷。尽管这样，但芯片的功能可能仍然正常。IDDQ测试可以帮助改善芯片的可靠性。所有可想象的电流消耗增大的故障，从形式上看都可以归于IDDQ故障模型。属于这方面的有桥接故障、栅氧化物短路、晶体管粘连接通故障和某些粘连故障。IDDQ测试对纯数字及数模混合电路测试都是一种有效的手段。进行IDDQ测试的方法有两种：片外测试和芯片内监控。后者也称内建电流测试（Build in Current Test，BIC Test）。

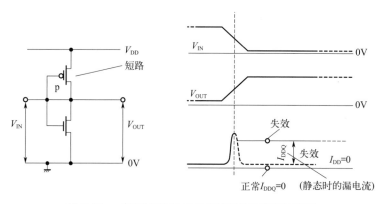

图6.52　p管短路的CMDS反相器的电流电压波形

如图6.53所示，IDDQ片外测试分为通过电阻上的电压来测量电流、静态电流向电容充电、用开关给出结果。

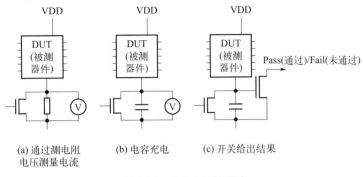

图6.53　IDDQ片外测试

对于模拟电路，在测试前先要依据生产商提供的电路参数进行仿真，得到被测电路的特性参数期待值和偏差允许范围。以运放为例，生产方应提供的参数包括诸如高/低电平输出、小信号差异输出增益、单位增益带宽、单位增益转换速率、失调电压、电源功耗、负载能力、相位容限典型值等。得到了测试所需的输入信号和预期的输出响应，就可以准备相应的测试条件了，如：确定需要的测试测量仪器，搭建外围测试电路。这也是与数字电路测试的不同之处，模拟电路的特性参数可能会因为外围条件的微小差异而有很大的不同，所以诸如测试板上的漏电等因素都必须加以考虑。

传统的模拟电路测试方法很难得到精确、重复的输入信号和输出响应，对电路的输入端也很难做到完全同步。同时，靠机械动作切换的测量仪器，响应速度也难以达到输出测量的要求。DSP技术的出现和发展，正为如何高速、精确地进行模拟电路测试提供了有效的解决方法。

6.7.3　测试技术趋势

随着VLSI的发展，对测试技术也存在更多挑战，包括：内外带宽差异，混合电路测试，系统级芯片测试，内嵌存储器与自我校正，芯片性能的提高与测试精度的矛盾，集成度的提高使得同样失效机理影响更严重，外部测试设备的高昂价格与IC成本降低的要求相冲突。

对于可测性的设计也提出了更多要求，包括：将模拟部分与数字部分在物理结构和电学性能上尽可能分开，电路内部所有锁存器和触发器可以初始化，避免所有可能的异步和多余结构，避免出现竞争，提供内部模块的控制、检测手段，反馈通路可以断开，谨慎使用有线逻辑，使用控制、测试点，使用分割、选择控制等。

由于硅片级封装的发展，相应的硅片级可靠性测试也是趋势之一。作为内建质量监控手段的一部分，硅片级可靠性（Wafer Level Reliability，WLR）测试在集成电路研发和生产中已经得到应用，目的在于将错误在更早的阶段检测出来，并加以控制。与传统的可靠性测试相比，进行WLR测试更有利于信息的迅速反馈和降低封装成本。WLR测试包括了一系列的加速试验，在受控的应力试验中检测被测试器件的早期失效。通常采用的WLR测试有四种：接触可靠性、热电子注入、金属完整性和氧化层完整性测试。

本章介绍了集成电路封装工艺，从封装的概念、作用、分类开始，将集成电路封装分级、分层次，介绍各层次封装的典型技术，并对比各种封装技术的优缺点及应用范畴。以集成电路典型封装为例，介绍封装流程，并基于Hugbing Technologies公司的5nm人工智能与集成电路多功能实验实训教学系统，完成虚拟实例，通过DIP及BGA工艺流程案例介绍，巩固理论知识点。

习题

一、选择题

1. 按集成电路封装分类，以下不属于一级互连方式的是（   ）。

   A. 插孔式封装　　　　B. 引线互连　　　　C. 倒装焊　　　　D. 载带自动焊

2. 以下不属于发展3D封装技术的原因是（   ）。

   A. 小型化需求　　　　B. 成本需求　　　　C. 降低功耗　　　　D. 提高性能

3. 以下不属于倒装焊优点的是（   ）。

   A. 低电感低电阻，优异的电性能　　　　　B. 高密度互连

   C. 基板通用　　　　　　　　　　　　　　D. 一次性整体互连

4. 以下不属于插孔式封装的是（   ）。

   A. DIP　　　　　　　　B. SIP　　　　　　　　C. PGA　　　　　　　　D. BGA

二、简答题

1. 简述封装可以实现哪几种功能。

2. 封装工程有哪几个层次？

3. 根据IC封装的历史演变，写出10种封装类型的英文缩写（如SOP、BGA等）。

4. 默写出一般的封装工艺流程，每个步骤列举几种实现方式。

5. 根据各封装类型特点，辨别以下各属于哪类封装。

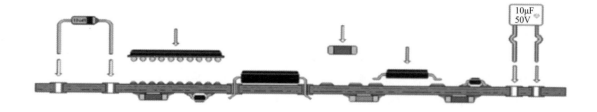

拓展学习

自主学习晶圆级扇出封装（WLP-Fin Out）及晶圆级扇入封装（WLP-Fin In），查阅相关文献资料，并使用5nm人工智能与集成电路多功能实验实训教学系统完成晶圆级扇出封装（WLP-Fin Out）及晶圆级扇入封装（WLP-Fin In）。

第 7 章

在路上——半导体技术发展

▶▶ **思维导图**

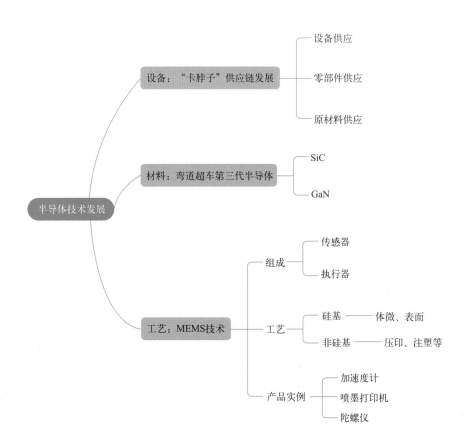

7.1 半导体供应链

所谓供应链，是指生产及流通过程中，涉及将产品或服务提供给最终用户活动的上游与下游企业所形成的网链结构，即将产品从商家送到消费者手中的整个链条。这里我们谈到的半导体供应链，包括集成电路设计、制造、封装测试及所供给的工具、设备、配件、原材料等。

7.1.1 制造设备供应

在整条供应链中，制造设备占了非常大的份额，而晶圆制造前端设备在产线设备投资中占比达85%。2021年半导体设备市场规模为1017.5亿美元，预计2027年将达到1425.3亿美元，预测期内复合年增长率为40.08%。表7.1是2022年全年半导体设备市场规模数据，占大部分份额的晶圆制造前端设备达1010亿美元，后端封装设备77.6亿美元，后端测试设备87.7亿美元，具体分类与对应市场规模，如表7.1所示。

表7.1 2022年全球半导体设备市场规模

半导体设备	分类		占比/%	全球市场规模/亿美元
晶圆制造前端设备	光刻机		23.00	232.300
	刻蚀设备	ICP（电感耦合等离子体）设备	11.00	111.100
		CCP（电容耦合等离子体）设备	11.00	111.100
	薄膜淀积设备	PECVD（等离子体增强CVD）设备	8.00	79.992
		溅射PVD设备	5.00	46.056
		管式CVD设备	3.00	29.088
		ALD（原子层淀积）设备	3.00	26.664
		LPCVD设备	3.00	26.664
		EPI（外延）设备	1.00	12.120
		MOCVD（金属有机CVD）设备	1.00	7.272
		ECD（电化学淀积）镀铜设备	1.00	7.272
		其他	1.00	7.272
	量测设备		10.00	101.000
	清洗设备		6.00	60.600
	涂胶显影设备		4.00	40.400
	热处理设备		3.00	30.300
	离子注入设备		4.00	35.350
	CMP设备		4.00	40.400
后端封装设备	贴片机		30.00	23.280
	划片机/检测设备		28.00	21.728
	引线焊接设备		23.00	17.848
	塑材/切筋成型设备		18.00	13.968
	电镀设备		1.00	0.776

半导体设备	分类	占比/%	全球市场规模/亿美元	
后端测试设备	SoC测试机	50.00	43.850	88.7
	存储测试机	30.00	26.310	
	射频测试机	8.00	7.016	
	模拟测试机	12.00	10.620	

7.1.2　国产制造设备发展

除了巨大的市场份额，2020年10月15日，美国商务部工业安全局（BIS）宣布将六项新兴技术添加到《出口管理条例》（EAR）的商务部管制清单（CCL）中，出口管制内容进一步增加。这对于中国半导体设备行业供应链产生不小冲击，设备供应成为中国半导体产业的"卡脖子"问题。鉴于此，国产设备的发展变得尤为迫切。

然而，作为半导体设备的核心所在，晶圆制造设备行业壁垒相对较高，研发周期长、难度大，市场份额集中在少数企业。尤其在细分领域中，龙头集中程度更高，以美国、日本、荷兰为代表的设备厂商市场占有率达到了70%以上。

国内半导体设备业这几年的发展蒸蒸日上，半导体设备国产替代的黄金浪潮开启。从国内半导体设备的整体类别而言，国产设备基本可以覆盖到半导体制造的各阶段所需，尤其在刻蚀、清洗、薄膜等设备方面表现突出，如表7.2所示。北方华创和中微公司是刻蚀设备领域的公司，中微公司的介质刻蚀已进入台积电5nm产线，北方华创在ICP（电感耦合等离子体）刻蚀领域较具优势，其14nm等离子硅刻蚀机已成功进入主流项目产线。

表7.2　主要半导体设备国产化率及供应商

	设备	国产化率/%	国内供应商
1	单晶炉（半导体用）	<20	晶盛机电、华盛天龙、北方华创、中电科48所、京运通
2	光刻设备	<1	上海微电子、中电科45所、沈阳芯源
3	去胶设备	<1	屹唐半导体
4	清洗设备	约20	盛美半导体、北方华创
5	刻蚀设备	<20	中微半导体、北方华创、屹唐半导体
6	离子注入机	<1	中科信、凯世通等
7	PVD/CVD设备	10～15	北方华创、沈阳拓荆、中电科45所、中电科48所
8	氧化扩散设备	<10	北方华创、中电科48所、中电科45所
9	CMP（化学机械抛光）设备	约10	华海清科
10	分选机	<20	长川科技
11	量测设备	约2	上海睿励、中科飞测、上海精测半导体、上海微电子
12	涂胶显影设备	<1	沈阳芯源

7.1.3　材料供应

除了设备国产化的迫切需求和发展，半导体耗材供应链国产化也是集成电路行业发展的必经之路。从晶圆、靶材到特种气体与化学品，再到零部件供应，材料供应链发展刻不容缓。

7.1.3.1　晶圆

2021年，国内企业在4～6in硅晶圆（含抛光片、外延片）上的产量约为5200万片，基本可以满足国内4～6in的晶圆需求。具备8in硅晶圆（含外延片）生产能力的则有浙江金瑞泓、昆山中辰（台湾环球晶圆子公司）、北京有研总院、河北普兴、南京国盛、中国电科46所以及上海新傲，合计月产能为23.3万片/月。至于12in硅晶圆，目前我国还不具备生产能力，只能依赖进口。目前，全球12in硅晶圆实际出片量已占各种硅晶圆出片量的65%左右。显然，硅晶圆的短缺，已成为国内一个刻不容缓的难题。

7.1.3.2　靶材供应

半导体芯片制造过程包括硅片制造、晶圆制造与芯片封装三大环节，其中金属溅射靶材主要应用于晶圆制造与芯片封装环节。溅射靶材是溅射过程中高速荷能离子束轰击的目标材料，是淀积电子薄膜的原材料。主要种类包括高纯铜、高纯铝、高纯钛、高纯钴、高纯钨、铜锰合金等溅射靶材。

半导体靶材是半导体材料的重要组成部分，其规模占半导体材料总规模的2.7%。由于我国半导体靶材行业起步时间较晚、发展历程较短，现阶段本土企业在全球市场中占比份额较小。目前，国内半导体材料市场规模呈现出持续增长态势。我国半导体靶材市场相较全球市场增速更为明显，处于较快发展阶段。2021年全球半导体材料市场规模约为839.8亿元，在此背景下，2021年我国半导体靶材市场规模约为22.4亿元，同比增长25.2%。未来本土企业还需不断提升上游原材料提纯技术以及加大产品研发创新能力，推动企业核心竞争力不断提升，进而加快提升国产化水平。作为半导体材料中的重要一环，溅射靶材国产化是必然之路也是唯一之路。

7.1.3.3　高纯度特种气体与湿化学品

高纯度特种气体被应用于贯穿集成电路芯片生产的干法刻蚀、清洗、离子注入、光刻、淀积、掺杂等各个环节，湿化学品则组成了在生产过程中十分重要的刻蚀液、清洗液、稀释液、显影液、剥离液等。另一方面，据统计，高纯度特种气体是半导体材料领域除硅片之外市场份额最大的材料，湿化学品的份额也不容小视。

集成电路芯片制造对高纯度特殊气体与湿化学品的生产工艺要求极高。以占到特殊气体中40%～50%的氟碳类特气为例，反应的过程中，副产物与主产物的类型很相似，因此分离提纯难度非常高，也是最核心的工艺难点和门槛。再以湿化学品里面最大的单一品类"高频硫酸"为例，氮气、二氧化硫等物质的分离去除都是非常重要的环节与难点。

随着我国加大半导体产业发展力度，后续各大晶圆新增产能陆续释放，高纯度特种气体和湿化学品需求将持续攀升，叠加显示面板和光伏能源等新兴产业的需求增长，将拉动国内高纯度特种气体和湿化学品市场规模稳步提升。据前瞻产业研究院预测，2024年我国高纯度特种气体市场规模将达230亿元。随着国际形势变化，进口高纯度特种气体运输不便、价格高昂，再加上国内半导体市场需求快速攀升，本土企业得以发展壮大，并不断发力，以满足市场需求。近期，华特气体、凯美特气与金宏气体等国内企业迎来了新发展。

7.1.3.4 设备零部件

半导体设备零部件是整个半导体设备行业的支撑，是指在材料、结构、工艺、品质和精度、可靠性及稳定性等性能方面达到了半导体设备及技术要求的零部件，其应用分类见表7.3。按照典型集成电路设备腔体内部流程来分，零部件可以分为：机械类、电气类、机电一体类、气体/液体/真空系统类、仪器仪表类。按照半导体零部件服务对象来分，半导体零部件可以分为精密机加件和通用外购件。其中，精密机加件通常由各个半导体设备公司设计，然后委外加工，如工艺腔室、传输腔室等；通用外购件包括硅结构件、O型密封圈、阀门、规、泵、气体喷淋头等。半导体设备零部件中，机械类零部件占比最高。从设备厂的采购比例来看，机械类零部件占比达27%，其次是气体/液体/真空系统类零部件，占比20%。

表7.3 零部件应用分类

零部件	主要服务的半导体设备类型
O-Ring（O型密封圈）	单晶炉、氧化炉、清洗机、等离子刻蚀设备、湿法刻蚀（WET）设备、CVD设备、PVD设备、CMP设备
精密轴承	离子注入设备、PVD设备、RTP设备、WET设备
金属零部件	PVD设备
Valve（阀）	CVD设备、光刻设备、离子注入设备、PVD设备、RTP设备、WET设备、CMP设备
硅/SiC件（硅环、硅电极）	等离子刻蚀设备
Robots（设备内机器传动部件）	光刻设备、WET设备、TF（薄膜）设备、Etch（刻蚀）设备、DIFF（扩散）设备
石英件（电容石英、电解石英）	刻蚀设备、炉管
Filter（滤光片）	光刻设备、RTP设备、WET设备
射频电源	离子注入设备、PVD设备、CVD设备、刻蚀设备
陶瓷件	CVD设备、PVD设备、离子注入设备、刻蚀设备
ESC（静电吸盘）	等离子刻蚀设备、WET设备、CVD设备、PVD设备、ALD设备
压力表	离子注入设备、WET设备
泵	WET设备、离子注入设备、PVD设备
MFC气体质量（流量计）	CVD设备、离子注入设备、RTP设备
步进电机	CVD设备、PVD设备、Etch设备

相比于其他行业基础零部件，半导体设备零部件尖端技术密集的特性尤其明显，有着精度高、工艺复杂、要求极为苛刻等特点，主要是由于以下三个因素：

其一，半导体制造属于精密的制造业，对关键零部件在原材料的纯度、原材料批次的一致性、质量稳定性、机加精度控制、洁净清洗等方面要求更高，造成了极高的技术门槛。例如，随着半导体加工的线宽越来越小，光刻工艺对极小污染物的控制极为严苛，不仅对颗粒严格控制，还要严控过滤产品的金属离子析出。

其二，半导体制造过程经常处于高温、强腐蚀性环境中，且半导体设备需要长时间稳定运行，半导体零部件需要兼顾强度、应变、抗腐蚀、电子特性、材料纯度等复合功能要求。以静电卡盘为例，一是本身以氧化铝陶瓷或氮化铝陶瓷作为主体材料，需要满足导热性、耐磨性以及硬度指标，同时还需加入其他导电物质使得其总体电阻率满足功能性要求；二是陶瓷内部有机加工构造精度要求高，陶瓷层和金属底座结合要满足均匀性和高强度的要求；三是静电吸盘表面处理后要达到0.01μm左右的涂层，同时要耐高温、耐磨，使用寿命大于三年。

其三，半导体设备零部件市场细分明显，各个细分领域体量都不大，且不同细分品类技术要求和技术难点都有所不同，需要积累大量的经验。

7.2 第三代半导体"弯道超车"

在以硅（Si）为代表的第一代半导体材料持续发展的同时，我国第二代半导体材料砷化镓（GaAs）已经有了突破的迹象，主要体现在：

① 砷化镓晶圆环节，2018年开始，中国台湾的全新光电（VPEC）、英特磊（IntelliEPI）砷化镓外延片市场占有率超过31%。

② 在砷化镓晶圆制造环节［Foundry+IDM（集成器件制造）］，中国台湾代工厂为主流，中国台湾的稳懋占据了砷化镓晶圆代工市场的71%份额，其次为中国台湾的宏捷占9%。

另一方面，由于第三代半导体材料发现并实用于21世纪初，各国的研究和水平相差不远，国内产业界和专家认为第三代半导体材料成了我们摆脱集成电路（芯片）被动局面，实现芯片技术追赶和"超车"的良机，并在某些领域已经实现了"弯道超车""换道超车"的局面。

7.2.1 SiC功率电子器件

功率器件，即电力电子器件，主要应用于变频、变压、变流、功率放大和功率管理等领域，几乎用于所有的电子制造业，包括计算机、网络通信、消费电子、汽车电子、工业控制等。目前，第三代半导体功率器件发展方向主要有碳化硅（SiC）和氮化镓（GaN）两大方向，SiC和GaN等第三代半导体因禁带宽度大和击穿电压高，在功率半导体领域有很大的应用潜力。

SiC电力电子器件具有高压高温特性，突破了硅基功率半导体器件电压（＞1kV）和温度（＜150℃）限制所导致的系统局限性，临界击穿电场高达2MV/cm（4H-SiC），因此具有更高的耐压能力（比Si高10倍）。随着SiC材料技术的进步，各种SiC功率器件在低压（600～1700V）领域实现了应用。

SiC功率半导体包括二极管金属氧化物半导体、MOS场效应晶体管（MOSFET）、绝缘栅双级晶体管（IGBT）、门极关断晶闸管（GTO）及结型场效应晶体管（JFET）等。

7.2.1.1 SiC功率二极管

SiC功率二极管（图7.1）有3种类型：肖特基二极管（SBD）、结势垒肖特基二极管（JBS）和PIN二极管。SiC功率二极管所承受的电压已接近于4H-SiC

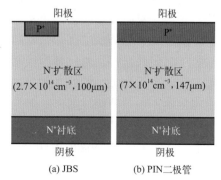

图7.1 SiC功率二极管结构图

单极性器件的极限，耐压已到达600V。具有极高的开关速度和低开态损耗，但阻断电压较低，反向漏电流较大。该器件更加适合应用在开关频率较高的电路中。

7.2.1.2　SiC功率晶体管

SiC功率MOSFET结构上与硅功率MOSFET没有太大区别。已有最高可达15kV的MOSFET的报道，其通态比电阻要比硅功率MOSFET低250倍。就应用而言，电力电子器件除了要尽可能降低静态和动态损耗外，还要有尽可能高的承受浪涌电流的能力。由于浪涌电流会引起器件结温的骤然升高，通态比电阻偏高的器件，其浪涌电流承受力注定非常低。由于单极功率器件的通态比电阻随其阻断电压的提高而迅速增大，Si功率MOSFET只在电压等级不超过100V时才具有较好的性价比。尽管Si功率IGBT在这方面有很大改进，但其开关速度比功率MOSFET低，不能满足高频应用的需要。理论分析表明，用6H-SiC和4H-SiC制造功率MOSFET，其通态电阻可以比同等级的硅功率MOSFET分别低100倍和2000倍。图7.2是击穿电压达15.5kV的SiC功率MOSFET器件。$V_{GS}=0V$，$V_{DS}=15kV$时，漏源泄漏电流为10μA。

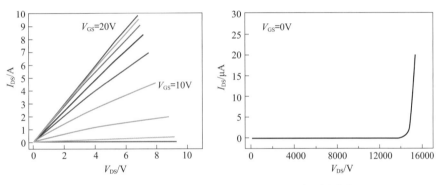

图7.2　15kV SiC功率MOSFET导通和阻断测试曲线

在高压领域，SiC功率IGBT器件将具有明显的优势。由于受到工艺技术的制约，SiC功率IGBT的起步较晚，高压SiC功率IGBT面临两个问题：一是与SiC功率MOSFET器件相同，沟道缺陷导致的可靠性以及低电子迁移率问题；二是N型IGBT需要P型衬底，而P型衬底的电阻率比N型衬底的电阻率高50倍。但经过多年的研发，逐步克服了P型衬底的电阻问题。

当结温为300K时，在芯片功耗密度为200W/cm^{2}以下的条件下，MOSFET可以获得更大的电流密度，而在更高的功耗密度条件下，IGBT可以获得更大的电流密度。但是在结温为400K时，IGBT在功耗密度为50W/cm^{2}以上的条件下就能够导通比MOSFET更高的电流密度。高温高压SiC功率IGBT器件将对大功率应用，特别是电力系统的应用产生重大的影响。在15kV以上的应用领域，SiC功率IGBT综合了功耗低和开关速度快的特点，相对于SiC功率MOSFET以及Si功率IGBT、晶闸管等器件具有显著的技术优势，特别适用于高压电力系统应用领域。

SiC功率JFET具有高输入阻抗、低噪声和线性度好等特点，是当前产业化发展较成熟的SiC功率器件之一。与MOSFET、IGBT等器件相比，单极性JFET具备良好的高频特性、高温稳定性及栅极可靠性。现有1200V和1700V电压等级，单管电流可达35A，模块电流等级可达100A以上。但是，常通JFET无法兼容通用的门极驱动器，这限制了其进一步推广应用。以上三种晶体管结构见图7.3。

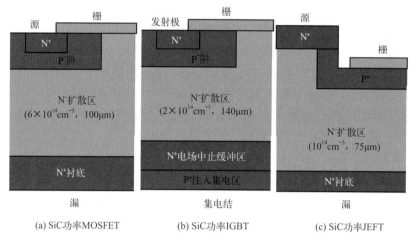

(a) SiC功率MOSFET　　　(b) SiC功率IGBT　　　(c) SiC功率JEFT

图7.3　SiC功率晶体管结构图

SiC拥有更高的热导率和更成熟的技术，而GaN拥有高电子迁移率和饱和电子速率、成本更低的优点，两者的不同优势决定了应用范围上的差异。SiC是大功率，轨道交通上兆瓦的应用都是有的。GaN集中在600V以下领域，主要应用于快充、电源开关、服务器电源等市场，这是应用上做的一些区分。

7.2.2　GaN功率电子器件

相对于SiC而言，GaN的优势主要在于：GaN可以在更高的频率下工作，GaN在所有功率转换中提供了更高的效率和最低的损耗，而且GaN比SiC更便宜。

目前围绕着GaN功率电子器件的研发工作主要分为两大技术路线：一是在自支撑GaN衬底上制作垂直导通型器件，如图7.4；二是在Si衬底上制作平面导通型器件，如图7.5。

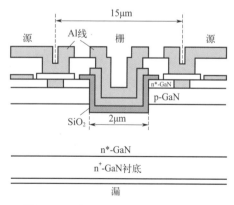

图7.4　垂直导通型GaN功率MOSFE

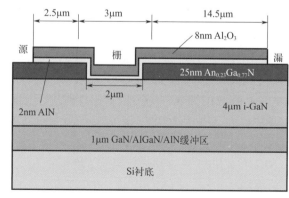

图7.5　平面导通型GaN功率MOSFET

7.2.2.1 垂直导通型GaN功率电子器件

对于GaN功率电子器件，最理想的是在GaN自支撑衬底上同质外延GaN有源层，进而进行器件的制备。基于高导的GaN自支撑衬底制备的垂直导通型GaN器件，相对平面导通型器件而言，有以下3点优势：

① 更易于获得高的击穿电压：垂直型器件由于漏极制作在栅极和源极的背面，在漏极加高电压时，电场会比较均匀地沿着垂直方向分布，而不存在平面器件的栅极边缘尖峰电场现象，因此垂直型器件比平面型器件更利于获得高的击穿电压。

② 可以减缓表面缺陷态引起的电流崩塌效应：垂直型器件的高场区域在材料内部，远离表面，从而可以弱化表面态的影响而减缓电塌效应。

③ 更利于提高晶圆利用率和功率密度：垂直型器件本身不存在尖峰电场而不需要使用场板结构，也无须通过增加栅漏间距实现高击穿电压，因此，垂直型器件比平面型器件在某种程度上工艺更简单，也更容易提高晶圆利用率及提高功率密度。

尽管垂直导通型GaN器件优势十分明显，但与平面型器件相比，发展相对缓慢，相关研究于近十年才刚起步，而且在产业化进程上面临一些待解决的技术难点：

① 如何实现导电大尺寸自支撑GaN衬底低成本化。垂直导通型GaN功率电子器件的导电自支撑GaN衬底非常难以制备，导致其价格非常昂贵。由于GaN材料具有极高的饱和蒸汽压，很难像Si和GaAs那样采用拉单晶的方式制备GaN衬底，因此，解决导电自支撑GaN衬底制备问题，使其实现低成本化，毫无疑问将是实现垂直导通型GaN功率电子器件产业化目标最迫切需要解决的问题。

② 自支撑GaN衬底上同质外延厚膜GaN层的背景掺杂问题。同质外延GaN材料中O、Si等背景掺杂以及位错、寄生沟道等会降低载流子迁移率，严重影响器件性能。因此，抑制背景掺杂、制备低缺陷密度的厚膜GaN层，是提升器件耐压能力的关键问题。

③ 除此之外，P型掺杂沟道电流限制层的制备也是一直存在的技术难点。高性能P型掺杂有利于提高器件栅控制能力和耐压性能，对于宽禁带半导体GaN而言，提高P型受主杂质的电离效率是亟待解决的一个难点。

7.2.2.2 基于Si衬底的平面导通型GaN功率电子器件

由于GaN同质外延的成本居高不下，因此在GaN功率电子器件的商业化进程中，选择合适的衬底材料以发展基于异质外延的平面型器件是目前的主流解决方案。在异质外延生长过程中，衬底材料不仅需要具有与GaN外延层材料相当的热胀系数以及较小的晶格失配。同时，它还需要具有高温（1000℃左右）化学物理稳定特性。理论上应尽量选择与GaN材料晶格失配和热失配小的衬底，但是在实际应用中需要对其他参数进行综合考虑。

目前，可供选择的衬底材料主要包括蓝宝石、SiC和Si衬底等。目前蓝宝石衬底是GaN异质外延生长中应用最广泛的衬底材料，并且已经在光电器件产业方面有了成熟的应用。但在功率器件领域，蓝宝石衬底却存在非常明显的缺点。一方面，蓝宝石的热导率非常低，制备的功率器件散热不强，使得GaN材料本身的优势很难得到充分发挥，因而限制了蓝宝石衬底在功率器件产业应用的前景；另一方面，蓝宝石衬底中的氧元素在GaN中形成重掺杂N型背景载流子，这严重限制了高耐压GaN外延材料制备。

SiC衬底与GaN材料晶格失配小，且具有高的热导率，使其非常适合制作高温高功率工作下的电子器件。但受制于SiC材料本身很难制备，且价格非常昂贵，这限制了SiC衬底在商业GaN电子器件的推广。

Si衬底与GaN材料的晶格失配和热失配都非常大，但是Si材料相比蓝宝石材料热导率高，晶圆尺寸大，成本低，制作工艺成熟并且能和现有CMOS工艺兼容，这些优点使得Si衬底成为实现商用化GaN功率器件产业化的最佳衬底。Si衬底平面导通型GaN器件是目前的主流技术，从几十到几百伏的中低压应用已逐渐走向产业化。

目前业界最普遍采用的常关型GaN器件的结构有3种（图7.6）：结型栅结构（P型栅）、共源共栅级联结构、绝缘栅结构（MOSFET）。

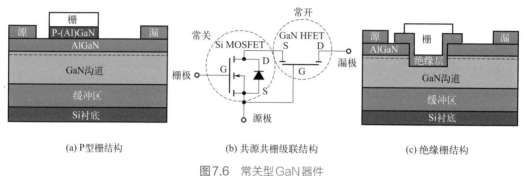

(a) P型栅结构　　　　　(b) 共源共栅级联结构　　　　　(c) 绝缘栅结构

图7.6　常关型GaN器件

前两种方案已经实现了产业化。P型栅结构方案是利用栅极下方的P型（Al）GaN层抬高沟道处的势垒，从而耗尽沟道中的二维电子气（2DEG）来实现常关。该结构的制备工艺难度较大，需要对接入区P型层的刻蚀，存在阈值电压小、栅压摆幅冗余度小以及抵抗电磁干扰能力差等缺点，此外其栅极漏电流大，且无法通过采用MOS栅结构来进行改善。

共源共栅级联结构的常关型器件方案是将一只高压常开型GaN功率HFET（异质结场效应晶体管）和一只低压常关型Si功率MOSFET组合成一个全新的混合管来实现常关。然而，共源共栅级联结构会带来芯片所引入的附加寄生参数增大等问题，限制器件的高频开关性能，使得GaN的高速开关性能很难得到充分的发挥，而多芯片的封装也会降低器件的可靠性能。

绝缘栅结构器件通过引入一层绝缘栅介质层，可以解决上述P型栅阈值电压低等问题，但器件稳定性和可靠性仍需进一步克服。

7.3 MEMS技术

7.3.1　MEMS概述

MEMS全称为"微机电系统"（Micro-Electro-Mechanical System），又称微系统技术、微机械等，是由微传感器、微执行器、信号处理和控制电路、通信接口和电源等部件组成的一体化的微型器件系统。该系统可在微观尺度上单独或批量执行传感、控制和驱动操作，并在宏观尺度上实现各类功能。

MEMS是一门综合学科，学科交叉现象极其明显，主要涉及微加工技术、机械学/固体声波理论、热流理论、电子学、生物学，等等。MEMS器件的特征长度从1mm到1μm，相比之下头发的直径大约是50μm。

感知和运动是MEMS的两大特质，以此分为两类（表7.4）：MEMS传感器和MEMS执行器。二者功能均是将信号或功率从一个能量域转换为另一个能量域，传感器是将环境信号转换为电信号，执行器是将电信号转换为机械运动/力和扭矩，二者相辅相成。

表7.4　MEMS类别及应用

类别	转换	领域	主要应用
MEMS传感器	环境信号↓电信号	惯性传感器	加速度计、陀螺仪、磁传感器、惯性传感组合
		压力传感器	压力传感器
		声学传感器	微型麦克风、超声波传感器
		环境传感器	气体传感器、湿度传感器、颗粒传感器、温度传感器
		磁传感器	磁传感器
		光学传感器	傅里叶变换红外光谱、指纹识别、被动红外及热电堆、高光谱、环境光、三原色、微辐射热计、视觉、三维视觉
MEMS执行器	电信号↓机械运动/力和转矩	光学MEMS	数字微镜器件、自动聚焦设备
		微流控	喷墨打印头、药物输送、生物芯片
		射频MEMS	微开关、滤波器、谐振器
		微结构	微针、探针、手表元件
		微型扬声器	微型扬声器
		超声指纹识别	超声波指纹识别

MEMS传感器被人誉为"电五官"。若把处理器比作人脑，通信比作神经系统，MEMS传感器就是五官和皮肤，感知物理、化学或生物量的存在和强度。其机理是沉积在设备传感层上的聚合物吸收了特定化学物质，产生了应力、质量、电气或机械特性变化，最终由MEMS传感器利用压阻式、电容式或光学式等传感机制检测这些变化。需要强调的是，MEMS传感器是传统传感器的升级版，其尺寸更小、功耗更低、性能更好。

MEMS执行器相当于人的四肢，能执行各种微操作和运动，如微电机、微开关、微推进器、微泵和微阀等。其机理是采用电热、电磁、静电或压电四种驱动机制使器件产生微观结构运动。

7.3.2　MEMS发展

MEMS的快速发展是基于MEMS之前已经相当成熟的微电子技术、集成电路技术及其加工工艺。半导体集成电路的发展也逐渐由单一功能的器件向多功能方向发展，而微机械同样需要智能化、自动化等的集成电路支持，于是在二者之间就发展成一种新的系统，即微电子机械系统。

20世纪60年代，第一个硅微型压力传感器问世。不久50～500μm的微齿轮、微气动滑轮接连制成，也出现了1mm×1mm的麦克风，并且发展了各向异性的阳极键合技术。70年代，传感器得到很大的发展，80年代进一步发展了微齿轮、微弹簧、微曲柄等，并制成了60～100μm的硅静电电机。这种电机要在显微镜下才能观察到。

到20世纪末，MEMS技术已逐渐形成一门独立学科，得到广泛应用。近年来，纳米技术的飞速发展更带动了MEMS的发展。如2002年美国加州大学制成的纳米可控马达宽度仅为11nm，比一粒灰尘还小。纳米技术的发展已使MEMS在理论上和工艺上日趋成熟。

纵览MEMS发展的多年历史，MEMS新器件的驱动力主要源于应用，只有当新产品要用到某些器件，才会引发大规模研究和生产。其实，MEMS的商用历史只有三十多年，产业刚刚步入成熟期。从MEMS的研发历史来看，是从结构研究逐渐到材料的过程，如表7.5所示。

表7.5　MEMS发展路径

年代	发展路径	特征
1970		通过大型刻蚀硅片结构和背刻蚀膜片制作压力传感器，借助压电效应将压力转换成电信号
1990	尺寸 ↓ 成本 ↓	1991年，第一款商用MEMS（ADI公司的ADXL50加速度计）发布，随后MEMS红外探测、加速度计、数字微镜、射频MEMS、生物MEMS等一大批新器件问世
2000		微光学器件、微流控、MEMS三维微结构等众多MEMS产品进入市场
2010	性能 ↑	融合概念兴起，整合MEMS产品的SIP封装、3D封装等技术成为关键，CMOS-MEMS研究密集，MEMS开始上云
2020		金刚石、石墨烯、PZT（锆钛酸铅）、氧化钒、氮化铝等新材料逐渐扮演重要角色，开启柔性衬底研究，MEMS内部开始搭载微型DSP、机器学习、人工智能

7.3.3　MEMS工艺

MEMS产品种类繁多，例如惯性传感器、压力传感器、气体传感器、MEMS麦克风、射频滤波器、MEMS振荡器、光学MEMS、生物MEMS等。品种的多样性，决定了MEMS制造工艺的多样性。以衬底材料分类，MEMS制造工艺主要包括硅基和非硅基两大类。硅基MEMS制造工艺借鉴并发展半导体工艺，主要包括体微加工、表面微加工和CMOS MEMS等技术，具有批量化、高集成度、低成本等优点；非硅基MEMS制造工艺涉及聚合物、玻璃、金属等材料，主要包括压印、注塑、精密机械加工等技术。

硅微机械加工工艺是制作微传感器、微执行器和MEMS的主流技术，硅基MEMS制造工艺占据市场主导地位，绝大部分MEMS产品都是利用该工艺进行批量化生产。以硅为基础的MEMS加工工艺主要有刻蚀、键合、光刻、氧化、扩散、溅射等。体硅MEMS加工技术的主要特点是对硅衬底材料的深刻蚀，可得到较大纵向尺寸可动微结构。表面MEMS加工技术主要通过在硅片上生长氧化硅、氮化硅、多晶硅等多层薄膜来完成MEMS器件的制作。利用表面工艺得到的可动微结构的纵向尺寸较小，但与IC工艺的兼容性更好，易与电路实现单片集成。

压力传感器是用体微机械加工方法制作的最早器件。图7.7将这种MEMS器件的制造过程用剖面图形逐步描述出来。其中有两个圆片：底部圆片刻蚀形成腔，顶部圆片用来制造薄膜。

图7.8说明了典型的表面微机械加工工艺，其中包括一层结构层和一层牺牲层。首先淀积和图形化牺牲层，接着在牺牲层之上淀积结构层，之后选择性地去除牺牲层以释放顶部的

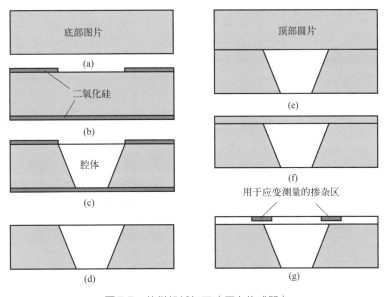

图7.7 体微机械加工（压力传感器）

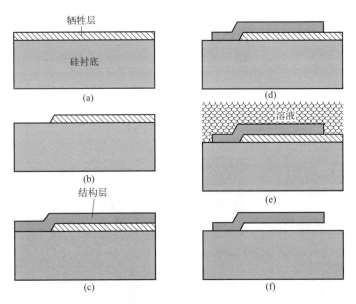

图7.8 表面微机械加工

结构层。例如，为了形成衬底表面上的悬臂梁，可以用氧化物作为牺牲层、多晶硅薄膜作为结构层。事实上，因为微机械器件制作在圆片正面的薄层内，所以表面微加工才如此命名。

7.3.4　MEMS典型产品实例

7.3.4.1　MEMS加速度计

加速度计是最早广泛应用的MEMS产品之一。MEMS作为一个研究机械结构为主的技术，可以通过设计使一个部件相对底座产生位移，这个部件称为质量块，如图7.9所示，质量块通过锚或铰链或弹簧与底座连接。当感应到加速度时，质量块相对底座产生位移。通过一些换能技术可以将位移转换为电能，如果采用电容式传感结构（电容的大小受到两极板重叠面积或间距影响），电容大小的变化可以产生电流信号供其信号处理单元采样。通过梳齿结构可以极大地扩大传感面积，提高测量精度，降低信号处理难度。加速度计还可以通过压阻式、力平衡式和谐振式等方式实现。

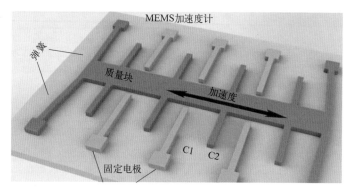

图7.9　加速度计微观结构示意图

7.3.4.2　喷墨打印机

喷墨打印机（图7.10）目前已是激光打印机的廉价替代技术，它不但性能好，而且可以提供高品质的彩色打印。佳能公司最早发明了基于热气泡技术的喷墨打印技术，而惠普公司在1978年首先发明了基于硅微机械加工技术的喷墨打印机喷嘴。喷嘴阵列喷射出热气泡膨胀所需液体体积大小的小墨滴，气泡破裂又将墨汁吸入到存放墨汁的空腔中，为下一次喷墨做准备。通过滴入红、黄、蓝三种基色实现彩色打印。

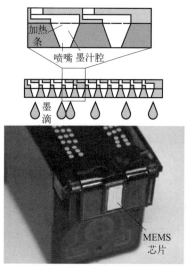

图7.10　喷墨打印机

7.3.4.3　陀螺仪

MEMS陀螺仪发展于20世纪80年代，指的是用微机械加工工艺制造的陀螺仪，主要利用科里奥利力原理（在旋转体系中进行直线运动的质点由于惯性相对于旋转体系会产生直线运动的偏移，这个导致偏移产生的"虚拟"力便被称为科里奥利力），通过振动来诱导和探测科里奥利力，从而对角速度进行测量。根据测量原理的不同，主要包括框架式角振动陀螺、音叉式梳状谐振陀螺、振动轮式硅微陀螺等。其应用如图7.11所示。

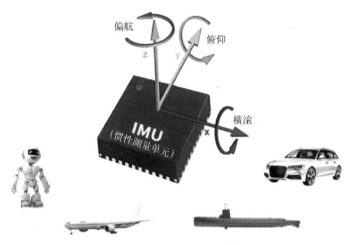

图7.11 陀螺仪的应用

7.3.4.4 生物MEMS

生物MEMS是指采用以MEMS为代表的微纳制造技术实现生物医学应用的传感器、执行器及微系统，其利用生物要素与物理化学检测要素组合在一起对被分析物进行操纵和检测。生物MEMS的内涵与微流控（Microfluidics）、芯片实验室（Lab-on-a-Chip）、微全分析系统（μTAS）有相当多的重叠部分，是一种结合生物学、医学、化学、材料学、机械学、电学、光学等的跨学科工程技术。生物MEMS的发展将提升我们人类对医学的认知水平，为研究疾病状态、开发新款药物、改进手术程序、监测健康状况以及建立人机接口创造新的机遇。

当把MEMS传感器与微型天线安装在一个硅透镜上时，形成的一次性24小时接触镜（也叫隐形眼镜，图7.12）可用于诊断早期青光眼。MEMS传感器尺寸非常小，可以安装在透镜的周边，检测眼压（IOP）引起的角膜变形现象，而不会影响佩戴者的正常视野；微型天线向接收站发射相关资料。MEMS隐形眼镜是一种起到换能和天线作用的无线传感器，并为附加的资料读取器件提供机械支撑。医院可利用这些信息采取必要的监护措施，在青光眼发病早期诊断病患。

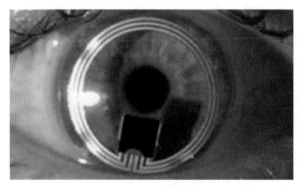

图7.12 MEMS隐形眼镜

本章介绍了集成电路的发展前景。从集成电路设计、制造、封装、测试所供给的工具、设备、配件及原材料等方面阐述半导体供应链的国产化现状与趋势。通过第三代半导体材料、器件发展介绍我国在此方面的突破迹象。最后将集成电路工艺延伸到MEMS技术，体现学科渗透性及前沿性。

习题

一、选择题

1. MEMS的应用，惯性传感器—加速度计的能域转换方向为（　　）。

A. 机械能—电能　　　　B. 电能—机械能　　　　C. 热能—机械能　　　　D. 化学能—电能

2. 下面哪一项不属于MEMS的机理？（　　）

A. 静电　　　　B. 压力　　　　C. 热　　　　D. 压电

3. 硅基MEMS主要的加工工艺不包括下列哪项？（　　）

A. 体微加工　　　　B. 表面加工　　　　C. 压印　　　　D. CMOS MEMS

4. 表面微机械加工工艺不包括下面哪项？（　　）

A. 二氧化硅牺牲层　　　　B. 多晶硅结构层　　　　C. 氮化硅结构层　　　　D. N型扩散层

二、简答题

1. 简述MEMS的含义及组成部分。
2. 试从体微机械加工角度描述压力传感器的工艺流程。
3. 试从表面微机械加工角度描述衬底表面悬臂梁的工艺流程。
4. 举例介绍MEMS的产品应用，并说明能域转换的方向。

拓展学习

本章简单介绍了MEMS的概念、工艺和应用领域等。通过学习和调研，理解MEMS的制造工艺，并与微电子技术相对比，阐述异同点。多上网了解一些MEMS的信息，如中国MEMS的发展概况、某类MEMS的产业化前景、国际MEMS的发展趋势等。基于以上内容，形成一篇文献综述。

参考文献

[1] 张兴，黄如，刘晓彦. 微电子学概论[M]. 北京：北京大学出版社，2010.

[2] 唐龙谷. 半导体工艺和器件仿真软件[M]. 北京：清华大学出版社，2014.

[3] 毕克允，胡先发，王长河，等. 微电子技术[M]. 北京：国防工业出版社，2008.

[4] 李可为. 集成电路芯片封装技术[M]. 北京：电子工业出版社，2022.

[5] 张汝京. 纳米集成电路制造工艺[M]. 北京：清华大学出版社，2017.

[6] 朱健. 3D堆叠技术及TSV技术[J]. 固体电子学研究与进展，2012, 32(01): 73-77.

[7] 何亮，刘扬. 第三代半导体GaN功率开关器件的发展现状及面临的挑战[J]. 电源学报，2016, 14(04): 1-11.

[8] 张希颖，王艺环，吴佳钧，等. 中国半导体设备行业发展研究——基于美国出口管制视角[J]. 北方经济，2021(07): 40-43.

[9] 李许军，坚葆林. 高压SiC功率半导体器件的发展现状与挑战[J]. 集成电路应用，2020, 37(02): 30-33.

[10] 彭强. 微电子封装的代表性技术研究[J]. 江西电力职业技术学院学报，2018, 31(7): 11-12.

[11] 张睿，虞小鹏，程然，等. 集成电路先进制造技术进展与趋势[J]. 数据与计算发展前沿，2021, 3(5): 28-36.

[12] 刘刚，雷鑑铭，高俊雄，等. 微电子器件与IC设计基础[M]. 2版. 北京：科学出版社，2009.

[13] 郭业才. 微电子器件基础教程[M]. 北京：清华大学出版社，2020.

[14] 刘思科，朱秉升，罗晋生. 半导体物理学[M]. 7版. 北京：电子工业出版社，2011.

[15] 施敏，李明逵. 半导体器件物理与工艺[M]. 王明湘，赵鹤鸣，译. 3版. 苏州：苏州大学出版社，2014.

[16] 陆学斌. 集成电路版图设计[M]. 北京：北京大学出版社，2012.

[17] 尹飞飞，陈铖颖，范军，等. CMOS模拟集成电路版图设计与验证——基于Cadence Virtuoso与Mentor Calibre[M]. 北京：电子工业出版社，2016.

[18] 曾庆贵. 集成电路版图设计[M]. 北京：机械工业出版社，2008.

[19] 刘锡锋. 集成电路版图设计项目式教程[M]. 北京：电子工业出版社，2014.

[20] 拉扎维. 模拟CMOS集成电路设计[M]. 陈贵灿，程军，张瑞智，等译. 西安：西安交通大学出版社，2003.

[21] 刘昶. 微机电系统基础[M]，黄庆安，译. 2版. 北京：机械工业出版社，2013.